고등 수학 1등급을 위한

중학 수학
만점 공부법

고등 수학 1등급을 위한
중학 수학

만점 공부법

이지선 지음

MIXCOFFEE

　학생들에게 수학을 가르친 것이 햇수로 20년 가까이 되어 갑니다. 돌이켜 보면 저에게 수학은 좋아하지도 싫어하지도 않았던 과목이었는데, 이렇게까지 수학이 좋아진 건 아마 중학교 3학년 때부터였던 것 같습니다. 당시 수학 선생님이 암산으로 제곱근 계산을 척척 해내는 것이 멋있고 부러워서 수학을 공부하기 시작했는데, 할수록 재밌더군요. 그리고 대학에서 수학을 전공하며 이 학문 자체가 좋아졌습니다. 모든 개념을 정의하고 정리하는 것도 좋았고, 응용해서 새로운 정리를 도출해 내는 과정도 좋았습니다.

　대학 시절 학원에서 강의를 시작하며 이렇게 재밌는 학문을 아이들에게 쉽고 재미있게 알려 주고 싶었고, 아이들이 성장하는 모습이 보람되고 즐거웠습니다. 그렇게 저는 '수학을 가르치는 일'을 평생 하고 싶다고 생각하게 되었습니다.

수학은 엄청나게 잘하지는 않더라도 내용을 제대로 이해하고 문제를 해결할 줄 아는 학생들이 재밌어합니다. 그렇지 못한 학생들은 내용도 알아듣지 못하고 문제도 풀리지 않으니 재미도 없고 지루할 수밖에 없죠. 그래서 저는 학생들이 수학을 잘하게 해주고 싶었고, 수학을 잘하지는 못하더라도 수학 시간이 고통스럽지는 않게 해주고 싶었습니다.

수많은 학생을 가르치며, 제한된 시간으로 수학 실력을 높이는 방법에 대해 끊임없이 고민했습니다. 그렇게 오랜 기간 초중고 학생들을 다양하게 가르쳐 온 경험을 바탕으로 필수 개념과 이를 효과적으로 학습하는 방법들을 정리해 이 책에 담았습니다.

초등 수학이 조금 부진했더라도 중등 수학을 하며 노력으로 충분히 채울 수 있습니다. 하지만 중등 수학이 제대로 안 되어 있는 학생들에게 고등 수학은 내용이 너무 방대하고 어려워져서 결국 수학을 포기하게 됩니다. 그래서 경험상 가장 중요하다고 생각되는 중등 과정의 수학을 꼼꼼하게 잘 공부하고 정리할 수 있도록 이 책에 최대한 자세히 설명했습니다.

이 책으로 학생들이 수학 공부에 많은 도움을 받고, 교육과정 내의 수학을 제대로 학습하게 되길 바랍니다.

이지선

PART 2 문자와 식

PART 5 확률과 통계

연산 위주의 학습법에서 벗어나기

...

초등학교 수학 단원평가에서 좋은 성적을 받던 학생들도 중등 수학 첫 단원부터 어려움을 겪는 모습을 자주 봅니다. 하지만 중학교 1학년 교과 과정에서 배우는 기본적인 개념들은 초등 수학에서 이미 배운 내용인 경우가 많습니다.

중등 수학의 첫 과정인 '소인수분해' 단원은 둘 이상의 자연수를 소인수분해해 최대공약수와 최소공배수를 구하고, 이를 활용해 문제를 해결하는 내용을 다루고 있습니다. 여기서 두 수의 최대공약수와 최소공배수를 구하고, 응용하는 방법은 초등학교 5학년 과정에서 이미 배운 내용이므로 문제 풀이 방식 또한 거의 동일합니다. 초등학교 과정에서 올바른 방법으로 문제를 푸는 방법을 연습해 왔다면, 중등 수학도 초등 수학의 연장선 정도로 어렵지 않게 느낄 수 있습니다.

하지만 중등 수학 첫 단원에서부터 많은 학생이 어려움을 느끼는 이유는 무엇일까요? 대부분 학생이 배운 개념을 다양한 방식으로 응용해 문제를 풀어 본 경험이 부족하기 때문입니다.

초등 수학에서는 단순 연산법을 제대로 습득하고 있는지를 확인하는 문제가 많습니다. 따라서 문제에 대한 충분한 이해 없이 연산 위주로 학습을 하더라도 대부분 해결이 가능하죠. 심지어 빨리 계산하고 문제를 해결한다면 그 개념을 확실하게 습득했다는 착각에 빠지기도 합니다. 그리고 언제 어떤 개념을 활용해 문제를 해결할 것인지에 대한 충분한 연습이 되지 않은 채 연산 방법만 숙지하고 다음 단원으로 넘어가게 됩니다. 다음 연계되는 내용에서는 이전 과정들이 제대로 학습되어 있다는 전제로 새로운 내용이 추가되고 심화되는데, 이때 어려움을 겪게 되는 것입니다.

여러 가지 개념이 복합적으로 사용되는 문제를 풀어 봤을 때 비로소 배웠던 개념들을 확실하게 이해하고 응용 가능한지 확인할 수 있게 됩니다. 각각의 문제에서 어떤 개념을 꺼내 사용할지 바로 생각날 수 있도록 하고, 필요한 개념들을 적재적소에 활용하는 법을 확실하게 학습하는 것이 중등 수학에 기본적으로 필요한 학습법입니다. 연산력과 응용력을 적절하게 키우며 학습할 때 눈에 띄게 수학 학습력이 오르고, 난도 있는 문제를 풀어 냈을 때 반복되는 성취감으로 점차 수학에 흥미를 더하게 될 것입니다.

수학 문제 독해력 키우기

. . .

학년이 올라갈수록 개념을 활용하는 문제들의 난도도 함께 올라가며 문제의 길이도 점점 길어집니다. 이처럼 문제가 길고 복잡해지면, 그 안에서 필요한 정보를 파악하고, 적용할 개념을 빠르게 생각해 내는 것이 어려워집니다. 이때 필요한 능력이 수학 문제에 대한 독해력입니다.

교육과정이 높아질수록 이러한 수학 문제의 독해력이 매우 중요한 요소임에는 다들 공감할 것입니다. 수학 독해력을 키우기 위해서 더 많은 책을 읽고 국어 공부에 시간을 쏟는 경우도 있습니다. 하지만 국어 과목에서 흥미와 재능을 가지고 있더라도 문장제 수학 문제에서 유독 어려움을 느끼고, 문제를 잘못 이해하는 경우를 흔히 볼 수 있습니다. 이는 독서 능력이 수학 문제 독해력에서 절대적이지 않기 때문입니다.

수학 문제 독해력을 키우기 위해 어떻게 해야 할까요? 우선 수학 문제 독해력이 부족하다고 느끼는 원인을 파악해야 합니다. 이러한 원인은 크게 3가지로 나누어 볼 수 있습니다. 첫째로 문제에 주어진 조건을 빠짐없이 찾아내지 못하는 경우, 둘째로 문제에 있는 용어를 모르는 경우, 마지막으로 수학적 기초 지식이 부족해 문제를 이해하지 못하는 경우입니다.

첫 번째, 주어진 조건들을 빠짐없이 찾는 데 어려움을 겪을 때는 문제를 끊어 읽으며 조건을 찾는 연습이 필요합니다. 문제의 단락을 세분화해 구분하고, 각 단락에 주어진 조건들을 한 번 더 정리해 문제를 이해합니다. 처음에는 문제의 조건을 최대한 자세하게 정리하는 방식으로 시작하고, 이러한 풀이법에 익숙해졌다면 각 조건을 자신만의 방식으로 간단하고 빠르게 수식으로 정리하는 것이 좋습니다.

두 번째로 문제에 모르는 단어가 있어서 해결이 어려운 경우, 그 단어가 일반적인 어휘인지 수학 용어인지를 생각해 봐야 합니다. 일반적인 어휘가 심각할 정도로 부족한 경우 독서와 국어 학습을 통해서 어휘 능력을 강화할 필요는 있습니다. 하지만 수학에서 사용하는 어휘는 그리 다양하지 않습니다. 따라서 수학 문제를 풀며 반복적으로 나오는 어휘를 학습하는 것이 효율적입니다.

세 번째, 수학에 대한 기초 지식이 부족한 경우는 이전까지의 수학 개념 학습이 확실하게 이루어지지 않았음을 의미합니다. 따라서 부족한 부분을 찾아 복습하고 넘어가는 것이 필수입니다. 복습할 때는 본인의 이해도에 맞추어 적절한 학습량을 설정하는 것이 중요합니다. 해당 내용 자체를 잊은 거라면 이전에 배웠던 연관 단원을 찾아 처음부터 다시 학습할 필요가 있습니다. 다만 용어만 기억이 나지 않은 것이라면 용어 정리와 함께 개념과 그 의미를 정확히 확인하고 넘어가도록 합니다.

수학 문제는 기본적으로 형용어구가 거의 없고 문제를 해결하기 위해 꼭 필요한 정보만 담고 있는 경우가 대부분입니다. 따라서 수학 문제 독해력을 키우기 위해 무작정 독서량을 늘리는 것보다는 시간 대비 효율적인 학습 전략을 선택하고 숙달시키는 것이 중요합니다.

수학 문제 독해력 향상을 위한 학습 시, 현행 진도가 아닌 확실하게 개념 학습이 이루어졌던 단원에서 한 단계 높은 난도의 문제를 선택하는 것이 좋습니다. 그리고 복잡한 문장들로 이루어진 문제 속에서 필요한 조건을 빠짐없이 파악하며 문제를 분석하고 수식화하는 연습이 필요합니다. 이러한 반복 연습은 문제를 이해하는 시간을 단축하게 하고, 더 길고 어려운 문제를 해결하는 데 큰 도움이 될 것입니다.

연계성 파악하기

...

초등 과정을 탄탄하게 잡아놔야 중등 수학 학습이 수월하고, 중등 과정을 잘 학습해야 고등 과정에서의 고생을 줄일 수 있습니다. 하지만 난도가 높고 어렵기만 한 문제를 무작정 푸는 것보다는 이후에 배우게 될 개념과 잘 연계된 문제와 그렇지 않은 문제를 구분해 중요도에 차등을 두고 학습하는 방법을 추천합니다.

한 가지 개념을 배우게 되면 여러 유형의 문제를 풀어 보며 새로 배운 개념을 활용하는 다양한 방법을 학습하게 됩니다. 현행 과정에서 이러한 다양한 유형의 문제를 푸는 것은 대부분 학생의 수학적인 능력들, 즉 논리성과 추론력 등을 키우는 데 목적을 두고 있습니다. 하지만 모든 유형의 문제가 다음 학년에 배우게 되는 과정과 밀접하게 연계되는 것은 아닙니다. 바로 활용할 수 있을 정도로 유사한 개념을 가지는 문제가 있는가 하면, 적은 비율이긴 하나 이후 과정과는 전혀 무관한 단순한 개념 활용 연습을 위한 문제들도 있습니다.

수학은 타 과목보다 학습하는 데 걸리는 시간이 길기 때문에 무작정 문제를 많이 푸는 것보다 전략적으로 학습 계획을 수립하는 것이 중요합니다. 따라서 어떠한 개념들이 교육과정에서 서로 어떻게 연계되어 있는지, 얼마나 깊이 있게 학습해야 하는지를 파악하면 제한된 시간 동안 더 효율적으로 수학을 공부할 수 있습니다.

이 책 활용하기

· · ·

이 책에서는 현 교육과정과 같이 대단원을 크게 '수와 연산', '문자와 식', '함수', '기하'로 나누었습니다. 그리고 교육과정 내에서 예전에 배웠던 초등 수학 개념들이 중등 3년 동안 어떻게 확장되고 심화되는지 전체적인 맥락을 교육과정 순서에 따라 정리했습니다.

앞서 강조한 것과 같이 한 단원에서도 나중에 배울 내용들과 연계가 짙어 반드시 연습을 충분히 하고 넘어가야 하는 문제가 있는 반면에, 해당 단원에서 개념을 활용하는 정도로만 학습한 후에 넘어가도 되는 문제들이 존재합니다. 이 책에서는 각 단원과 개념을 학습하며 반드시 학습하고 넘어가야 하는 내용을 정리했으므로 중등 수학 과정을 학습하고 있거나 이미 학습한 모든 학생에게 이 책을 추천하고 싶습니다.

중등 수학을 이제 막 시작하거나 이미 학습하고 있는 학생이라면, 새로운 진도를 나가기 전과 후로 반복해서 읽어 보세요. 지금 배우고 있는 단원이 어떠한 방향으로 확장되며 좀 더 공을 들여 연습해야 하는 부분은 어떤 것인지 파악하는 데 도움이 될 것입니다.

또한 중학교 3학년 과정을 모두 학습하고 고등 수학을 배우기 시작했다면, 이 책을 통해서 지금까지 배워온 수학 개념들이 어떻게 확장되어 흘러가는지 그 맥락을 파악할 수 있습니다. 앞서 배운 중등 수학 개념 중에 헷갈리거나 잊어버린 것이 있다면 그 단원을 찾아 천천히 읽어 보는 것만으로도 도움이 많이 될 것입니다.

PART 1

수와 연산

중등 수학에서 수의 범위 확장

무슨 의미냐면요

...

초등 과정에서 수의 범위가 자연수에 국한되어 있었다면, 중등 과정에서는 정수, 유리수, 무리수와 실수까지 수의 범위가 확장되고, 그에 따른 연산법을 학습하게 됩니다.

좀 더 설명하면 이렇습니다

...

수는 수학에서 다루는 가장 기본적인 개념이므로 수와 연산은 모든 수학 학습을 위한 기초입니다. 초등학교에서의 수와 연산 영역에서는 1, 2,

3, 4, 5, …와 같이 수를 세며 자연스럽게 학습하게 되는 자연수부터 분수, 소수의 개념과 그 사칙연산을 배웠습니다. 그리고 중학교에서는 자연수부터 시작해 정수, 유리수, 무리수, 실수까지 수의 영역이 확장되고 각 수의 체계에서 사칙계산을 연산하는 방법과 성질들을 학습합니다. 다시 말해 수의 체계들은 확장되는 순서대로 학습하게 됩니다.

▸ 중등과정 수의 범위

1. 정수

정수는 자연수인 양의 정수와 0, 음의 정수를 포함하는 수들입니다. 실생활에서 흔하게 살펴볼 수 있듯이 영상과 영하, 이익과 손해 등과 같이 0을 기준으로 양수와 음수로 수를 구분할 수 있습니다. 따라서 음수는 양의 정수인 자연수의 반대 개념으로 자연수 앞에 음의 부호(−)를 붙인 형식으로 표현합니다.

2. 소수

소수는 크게 유한소수와 무한소수로 나누어집니다. 유한소수는 소수점 아래 0이 아닌 숫자가 유한 번 나오는 소수이고, 0.25와 같이 초등 과정에서 익숙하게 다루는 소수입니다. 무한소수는 소수점 아래 0이 아닌 숫자가 무한 번 나오는 소수이고, 무한소수는 순환소수와 순환하지 않는 무한소수로 구분됩니다.

순환소수는 0.3333…이나 0.026363…처럼 소수점 아래의 어떤 자리에서부터 일정한 숫자의 배열이 되풀이되는 소수입니다. 또한 순환하지 않는 무한소수는 말 그대로 소수점 아래에 0이 아닌 숫자가 반복되지 않으며 끝없이 이어지는 소수입니다. 대표적으로 원주율(π, 3.141592…)이 순환하지 않는 무한소수입니다.

소수는 수 체계에서 따로 분류하지 않지만, 정수에서 유리수와 무리수로 확장하기에 앞서 소수의 종류를 정리하고 구분할 필요가 있습니다.

3. 유리수

유리수는 두 정수를 이용해 분수 꼴로 나타낼 수 있는 수이고, 모든 분수는 유리수가 됩니다. $\frac{1}{4} = 0.25$ 와 $\frac{1}{3} = 0.3333\cdots$ 과 같이 분수를 소수로 나타내면, 유한소수와 순환소수로 표현됩니다. 따라서 유리수는 정수와 분수, 유한소수, 순환소수를 포함합니다. 교육과정에서 유리수를 분류할 때는 분수와 유한소수, 순환소수를 묶어 정수가 아닌 유리수로 표현하고, 유리수는 정수와 정수가 아닌 유리수로 구분합니다.

4. 무리수

무리수는 유리수가 아닌 수이며, 순환하지 않는 무한소수입니다. 무리수는 유리수가 아닌 수로 정의되기 때문에 분수로 나타낼 수 없습니다. 실생활에서 대표적으로 찾을 수 있는 무리수로는 원주율(π)과 한 변의 길이가 1인 정사각형의 대각선 길이($\sqrt{2}$)입니다. 다양한 무리수를 표현하기 위해서 제곱근을 도입하게 되는데, 제곱근(루트, $\sqrt{}$) 안에는 음수가 들어갈 수 없습니다.

5. 실수

유리수와 무리수를 통틀어 실수라고 합니다. 모든 실수는 수직선 위의 한 점에 대응시킬 수 있고, 또한 유리수나 무리수만으로는 완전히 채울 수 없었던 수직선을 실수에 대응하는 점들로 완전히 메울 수 있습니다. 즉 수직선은 실수를 나타내는 직선이라고 할 수 있습니다.

중학 과정에서 수를 확장하는 이유는 앞으로 배우게 될 방정식에서 그 해를 구하기 위해서입니다. 예를 들어 □+4=3의 □의 값을 구하는 문제를 생각해 봅시다. 음수의 개념을 배우지 않은 초등 과정에서는 □의 값을 구할 수 없지만, 정수에서 음수를 배우고 나면 □ = −1임을 알 수 있습니다. 이처럼 수는 방정식에서 적절한 해를 구하기 위해서 정수와 유리수, 실수의 범위까지 확장하게 됩니다. 그리고 이후에 고등학교에서는 제곱근 ($\sqrt{}$) 안에 음수를 적용해 복소수의 범위로 확장하게 되어, 실수보다 넓은 범위의 해를 구할 수 있게 됩니다.

수는 수학에서 가장 기본적인 개념으로 실생활뿐만 아니라 수학의 다른 영역과 타 교과를 학습하는 데 기초가 되므로 필수적으로 학습해야 합니다.

우리가 알아야 할 것   +

- 중등 과정의 수 체계는 자연수와 정수, 유리수와 무리수, 그리고 실수까지 확장되고, 수직선 위에 모든 실수를 대응시킬 수 있습니다.
- 고등 과정에서는 실수와 그 외의 수직선에 나타낼 수 없는 수인 허수를 포함한 복소수 범위까지 수를 확장합니다.
- 수의 범위를 확장하는 이유는 방정식에서 적절한 해를 구하기 위함입니다.

소인수분해: 자연수의 성질

무슨 의미냐면요

...

초등 수학에서 배운 자연수의 약수와 배수의 개념을 이용해 자연수를 소수의 곱의 형태로 분해하는 방법을 학습합니다. 이러한 과정을 소인수분해라고 하며, 이를 이용해 다양한 자연수의 성질을 학습합니다.

좀 더 설명하면 이렇습니다

...

사실 소인수분해의 기본 개념은 초등학교 5학년 과정에서 이미 학습한 적이 있습니다. 12=2×2×3와 같이 자연수를 약수의 곱의 형태로 표현하는 것이 소인수분해의 기초 개념입니다. 중등 과정에서는 소수와 합성수, 소인수의 용어에 대한 정의를 배우고, $12=2^2 \times 3$과 같이 거듭제곱을 사용해 한 가지 방법으로 소인수의 곱을 표현하는 방법을 학습하게 됩니다.

최대공약수와 최소공배수에 관한 문제들도 대부분 초등 수학에서 다루었던 것입니다. 이처럼 이 단원에서는 초등 과정에서 배운 내용을 기반으로 새로운 용어가 추가되는 방식으로 학습이 진행되기 때문에, 다른 단원들에 비해 특별히 새로운 내용이 없다고 느껴질 수 있습니다.

따라서 이 단원에서는 소인수분해를 이용해 자연수의 성질을 보다 정확하게 이해하고 활용하는 방향으로 학습 목표를 설정하는 것이 좋습니다.

1. 소수와 합성수

자연수는 1과 소수, 그리고 합성수로 이루어져 있습니다. 소수는 2, 3, 5, 7, 11, …처럼 1보다 큰 자연수 중에서 1과 자기 자신만을 약수로 갖는 수를 의미합니다. 따라서 모든 소수는 2개의 약수만을 가지게 됩니다. 그리고 합성수는 1보다 큰 자연수 중에서 소수가 아닌 모든 수를 의미하며, 당연하게도 3개 이상의 약수를 가지게 됩니다.

새로운 용어인 소수와 합성수를 배우며 가장 많이 실수하게 되는 2가지가 있습니다. 1은 소수도 합성수도 아니라는 것과 2는 소수 중에서 가장 작은 수이며 유일한 짝수인 소수라는 것입니다. 따라서 문제에서 짝수는 모두 소수가 아니라고 하면, 틀린 문장으로 이해할 수 있어야 합니다.

2. 소인수분해

먼저 처음 만나게 되는 인수라는 용어에 대해 알아봅시다. 인수는 약수와 같은 의미로 이해할 수 있습니다. 예를 들어 12의 약수인 1, 2, 3, 4, 6, 12는 12의 인수입니다. 엄밀하게 구분하자면, 약수는 나누어떨어지는 수이고, 인수는 곱해 나오는 수입니다. 즉 12÷3=4이라고 하면 3은 12의 약수이고, 3×4=12에서 3은 12의 인수입니다. 하지만 나눗셈과 곱셈의 연산은 서로 바꾸어 표현할 수 있기 때문에 교육과정 내에서는 약수와 인수의 의미를 구분할 필요가 없습니다. 따라서 문제에서 인수라는 용어가 사용되더라도 약수의 개념으로 이해하도록 합니다.

(1) 소인수분해

소인수는 더 이상 다른 수로 나누어지지 않는 소수이면서 인수인 수입니다. 12의 소인수는 2와 3입니다. 12=1×12, 12=2×6, 12=3×4와 같이, 12를 자연수의 곱으로 표현하는 방법은 여러 가지가 있습니다. 그중에서 소인수의 곱으로 표현하는 방법은 오직 한 가지 12=2×2×3=2^2×3입니다. 12=2^2×3과 같이 자연수를 소인수의 곱으로 나타내는 것을 소인수분해라고 합니다. 이처럼 일반적으로 1보다 큰 모든 자연수는 소수의 곱으로 나타낼 수 있고, 각 자연수의 소인수분해는 유일하게 표현됩니다.

소인수분해하는 방법은 대표적으로 3가지가 있는데, 모두 주어진 수

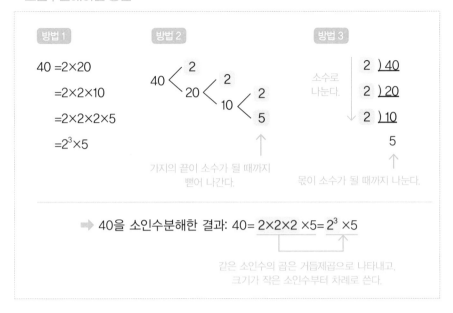

방법 1

$40 = 2 \times 20$

$= 2 \times 2 \times 10$

$= 2 \times 2 \times 2 \times 5$

$= 2^3 \times 5$

방법 2

$40 < \begin{matrix} 2 \\ 20 \end{matrix} < \begin{matrix} 2 \\ 10 \end{matrix} < \begin{matrix} 2 \\ 5 \end{matrix}$

가지의 끝이 소수가 될 때까지
뻗어 나간다.

방법 3

소수로
나눈다.

2)40
2)20
2)10

5

몫이 소수가 될 때까지 나눈다.

➡ 40을 소인수분해한 결과: $40 = 2 \times 2 \times 2 \times 5 = 2^3 \times 5$

같은 소인수의 곱은 거듭제곱으로 나타내고,
크기가 작은 소인수부터 차례로 쓴다.

를 소인수들로 차례로 나누어 마지막 몫이 소수가 될 때까지 나누도록 합니다. 이때 1은 소수가 아니므로 소인수로 생각하지 않도록 주의합니다. 그리고 소인수분해한 결과는 일반적으로 작은 소인수부터 쓰며, 같은 소인수의 곱은 거듭제곱으로 나타냅니다.

(2) 약수와 약수의 개수 구하기

연습한 소인수분해를 이용하면 약수와 그 약수의 개수를 구할 수 있습니다. 예를 들어 12의 약수를 구하기 위해 소인수분해하면 $12 = 2^2 \times 3$입니다. 2^2의 약수인 1, 2, 2^2과 3의 약수인 1, 3을 각각 곱하면, 12의 약수인 1, 2, 3, 4, 6, 12를 빠짐없이 구할 수 있습니다. 이때 12의 약수의 개수

자연수 A가

$$A = a^m \times b^n (a, b는 \text{ 서로 다른 소수. } m, n \text{은 자연수})$$

으로 소인수분해될 때,

① A의 약수: (a^m의 약수)×(b^n의 약수)

② A의 약수의 개수: $(m+1) \times (n+1)$

각 소인수의 지수에 1을 더하여 곱한다.

예 $12 = 2^2 \times 3$이므로 오른쪽 표에서

① 12의 약수: 1, 2, 3, 4, 6, 12

② 12의 약수의 개수: $(2+1) \times (1+1) = 6$

x	1	2	2^2
1	1	2	4
3	3	6	12

는 2^2의 약수의 개수와 3의 약수의 개수를 곱하여 $3 \times 2 = 6$(개)으로 구할 수 있습니다.

소인수분해를 이용해 약수의 개수를 구하는 내용을 학습할 때, 많은 학생이 소인수들의 지수에 1을 더해 서로 곱하는 공식을 무작정 암기합니다. 하지만 표를 그려 빠짐없이 약수를 구하는 방법을 알고 있어야 그 원리를 정확히 이해하고 오래 기억하며, 다양한 응용 및 심화 문제에서 적절하게 활용할 수 있습니다.

(3) 제곱인 수 만들기

소인수분해를 이용한 문제 중에서 학생들이 가장 어려워하지만 중요

한 문제는 제곱인 수를 만드는 문제입니다. 우선 자연수들의 제곱을 소인수분해해 보면, $4^2=16=2^4$, $10^2=100=2^2\times5^2$, $12^2=144=2^4\times3^2$처럼 모두 소인수의 지수가 짝수임을 알 수 있습니다. 따라서 어떤 자연수의 제곱이 되기 위해서는 소인수분해했을 때 소인수의 지수가 모두 짝수가 되도록 해야 합니다.

예제 12에 어떤 자연수를 곱해 자연수의 제곱이 되게 하려고 할 때, 곱할 수 있는 수 중에서 가장 작은 자연수는?

먼저 12를 소인수분해하면, $12=2^2\times3$입니다. 12에 어떤 수 a를 곱해 자연수의 제곱이 되도록 하려면, $12\times a=2^2\times3\times a$의 소인수 지수가 모두 짝수가 되어야 합니다. 따라서 a는 $3\times(자연수)^2$의 꼴로, 3, 3×2^2, 3×3^2, 3×4^2, …이 될 수 있습니다. 그러므로 곱해야 하는 가장 작은 자연수는 3입니다.

소인수분해를 이용해 제곱인 수를 만드는 개념은 중학교 3학년 과정에서 배우는 제곱근 학습의 기초가 되기 때문에 반드시 풀이 원리를 이해하고 넘어가는 것이 좋습니다.

3. 최대공약수와 최소공배수

초등 과정에서 공통인 소인수로 나누어 두 자연수의 최대공약수와 최소공배수를 구했다면, 중등 과정에서는 소인수분해를 이용하여 세 자연수

① 주어진 자연수를 각각 소인수분해한다.

② 공통인 소인수의 거듭제곱에서 지수가 같거나 작은 것을 택해 곱한다.

$$18 = 2 \times 3^2$$
$$42 = 2 \times 3 \times 7$$
$$\text{(최대공약수)} = 2 \times 3 \qquad = 6$$

공통인 소인수의 거듭제곱에서 지수가 같거나 작은 것

참고 나눗셈을 이용해 최대공약수 구하기

① 1이 아닌 공약수로 각 수를 나눈다.

② 몫에 1 이외의 공약수가 없을 때까지 계속 나눈다.

③ 나누어 준 공약수를 곱한다.

1 이외의 공약수가 없을 때까지 나누기 →

$$\begin{array}{r} 2\,)\underline{18\quad 42} \\ 3\,)\underline{9\quad 21} \\ 3\quad 7 \end{array}$$

$$\text{(최대공약수)} = 2 \times 3 = 6$$

나누어 준 공약수 모두 곱하기

까지의 최대공약수와 최소공배수를 구하고 다양한 성질을 학습하는 데 중점을 둡니다.

서로소는 4와 9처럼 최대공약수가 1인 두 자연수를 의미합니다. 즉 서로소인 두 자연수는 공통인 소인수가 없고 공약수는 1, 한 개만 가집니다. 또한 서로소는 소수나 합성수처럼 수를 나타내는 용어가 아니라 둘 이상의 수의 관계를 나타내는 용어임을 주의합니다.

최대공약수와 최소공배수를 구할 때 초등 과정에서는 나눗셈을 이용해 구하는 과정을 주로 학습하기 때문에 이 방법이 더 익숙하고 편리하게 느껴질 것입니다. 하지만 중등 과정에서는 소인수분해를 이용해 최대공약수와 최소공배수를 구하고 이를 활용하는 데 중점을 두고 학습해야 합니

① 주어진 자연수를 각각 소인수분해한다.

② 공통인 소인수의 거듭제곱에서 지수가 같거나 큰 것을 택하고 공통이 아닌 소인수의 거듭제곱도 모두 택해 곱한다.

$$18 = 2 \times 3^2$$
$$42 = 2 \times 3 \qquad \times 7$$
$$90 = 2 \times 3^2 \times 5$$
$$\overline{(최소공배수) = 2 \times 3^2 \times 5 \times 7 = 630}$$

공통인 소인수의 거듭제곱에서 지수가 같거나 큰 것

공통이 아닌 소인수의 거듭제곱

참고 나눗셈을 이용해 최소공배수 구하기

① 1이 아닌 공약수로 각 수를 나눈다.

② 세 수의 공약수가 없으면 두 수의 공약수로 나누고, 공약수가 없는 수는 그대로 아래로 내린다.

③ 나누어 준 공약수와 마지막 몫을 모두 곱한다.

```
공약수가        2 ) 18   42   90
없는 수는       3 )  9   21   45
그대로          3 )  9    7   15
내리기               1    7    5
```

어떤 두 수를 택해도 공약수가 1이 될 때까지 나누기

$$(최소공배수) = 2 \times 3 \times 3 \times 1 \times 7 \times 5 = 630$$

나누어 준 공약수와 몫 모두 곱하기

다. 또한 심화 문제의 경우에는 소인수분해를 이용해야만 해결할 수 있는 문제들이 출제되기 때문에, 나눗셈 방식은 참고로만 이용하고 대부분의 문제 풀이는 소인수분해를 이용한 방식으로 풀도록 연습해야 합니다.

최대공약수와 최소공배수를 활용할 때는 문제를 읽고 둘 중 어떤 개념을 적용하여 해결할지 빠르게 판단할 수 있어야 합니다. 그래서 각 문제를 구분하는 방법을 기억해 두고 있는 것이 중요합니다.

일반적으로 문제에 '가능한 한 많은', '가장 큰', '최대한' 등의 표현이 있는 경우 최대공약수를 활용해 문제를 해결할 수 있습니다. 그리고 직사각형을 최대한 큰 정사각형으로 나누는 것처럼 큰 것을 작은 것으로 나누는 문제도 최대공약수를 사용하여 풀어야 하는 문제입니다.

반대로 최소공배수 문제에 '가능한 한 적은', '가장 적은', '최소한' 등의 표현이 있는 경우가 대부분입니다. 또한 직사각형을 붙여서 가장 작은 정사각형을 만드는 문제처럼 작은 것을 더하여 큰 부분으로 만드는 문제, 또는 출발 간격이 서로 다른 버스가 처음으로 다시 동시에 출발하는 시간을 구하는 것과 같은 문제는 최소공배수를 활용하는 문제로 자주 출제되는 유형입니다.

우리가 알아야 할 것　　　　　　　　　＋

- 자연수는 1과 소수, 합성수로 분류할 수 있습니다.
- 소인수는 소수인 인수(약수)이며, 1보다 큰 모든 자연수를 소인수분해하는 방법은 오직 한 가지입니다.
- 자연수의 소인수분해를 이용해 최대공약수와 최소공배수를 구할 수 있습니다.

정수와 유리수

무슨 의미냐면요

...

자연수인 양의 정수와 0 그리고 음의 정수를 통틀어 정수라고 합니다. 유리수는 정수뿐 아니라 정수가 아닌 분수와 소수들도 포함하는 수의 범위입니다.

좀 더 설명하면 이렇습니다

...

자연수는 1부터 시작해 하나씩 더해 얻어지는 수입니다. 1, 2, 3, 4, 5, …와 같이 자연스럽게 수를 세며 학습합니다. 하지만 일상생활에서 항상

수가 증가하는 형태로 존재하는 것은 아닙니다. 예를 들면 날씨에서 영상과 영하의 기온이 있고, 용돈을 받으면 수입이 증가하지만 반대로 물건을 사며 지출을 하기도 합니다. 이처럼 서로 반대되는 성질을 가지는 수량을 나타낼 때, 기준이 되는 수를 0으로 두고 증가는 양의 부호(+), 감소는 음의 부호(−)를 사용해 표현합니다. 양의 부호를 붙인 수인 양수는 0보다 큰 수이고, 음의 부호를 붙인 수인 음수는 0보다 작은 수를 의미합니다. 따라서 0보다 3만큼 큰 수를 +3으로, 0보다 5.4만큼 작은 수를 −5.4로 표현할 수 있습니다. 이때 양수와 음수의 기준이 되는 수, 0은 크기를 갖지 않고 양수도 음수도 아닙니다.

1. 정수와 유리수의 뜻

정수는 0과 양의 정수, 음의 정수로 분류할 수 있습니다. 양의 정수는 자연수에 양의 부호(+)를 붙인 수 +1, +2, +3, ⋯이고, 음의 정수는 자연수에 음의 부호(−)를 붙인 수 −1, −2, −3, ⋯입니다. 여기에서 양의 부호는 생략해 나타낼 수 있으므로, 양의 정수와 자연수는 같습니다.

유리수는 분수로 나타낼 수 있는 수로 정의합니다. 모든 정수는 $3 = \frac{3}{1} = \frac{6}{2} = \cdots$와 같이 분수로 나타낼 수 있어 유리수라고 할 수 있습니다. 유리수에는 정수로 나타낼 수 없는 분수와 소수들이 포함되는데, 이를 정수가 아닌 유리수라고 합니다. 따라서 유리수는 정수와 정수가 아닌 유리수로 분류할 수 있습니다. 유리수를 정수와 정수가 아닌 유리수로 구별하는 문제에서는 $\frac{4}{2}$와 같이 분수로 표현된 정수가 있을 수 있으므로, 반드시 모든 분수를 기약분수로 고쳐서 정수인지 아닌지를 판단해야 합니다.

또한 유리수는 0을 기준으로 양의 유리수와 음의 유리수로 구분됩니다. 즉 분모와 분자가 자연수인 분수에 양의 부호(+)를 붙인 수는 양의 유리수이고, 음의 부호(−)를 붙인 수는 음의 유리수입니다.

직선 위에 기준이 되는 점을 0으로 대응시키고, 그 오른쪽에 양수와 왼쪽에 음수를 대응시킨 직선을 수직선이라고 합니다. 이때 0을 나타내는 기준이 되는 점을 원점이라고 합니다.

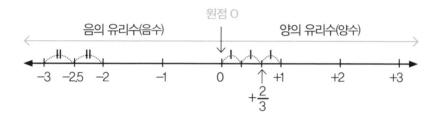

수직선의 원점의 오른쪽에 양의 유리수를, 왼쪽에 음의 유리수를 모두 표현할 수 있으므로, 모든 유리수는 수직선 위의 점에 대응시킬 수 있습니다. 수직선에 정수를 나타낼 때, 정수들은 반드시 서로 1만큼씩 떨어져 있어야 하므로 수직선에서도 그 눈금의 간격을 같게 잡아야 합니다. 또한 수직선에 정수가 아닌 유리수를 나타낼 때는 두 정수 사이를 적당히 등분한 후에 나타내도록 합니다. 예를 들어 $+\frac{2}{3}$는 0과 $+1=+\frac{3}{3}$ 사이를 3등분해 0에서 오른쪽으로 두 번째에 있는 점입니다.

수를 분류하고 수직선에 나타내는 방법은 중등 과정에서 수의 범위를 확장할 때마다 반복해서 학습합니다. 따라서 정수와 유리수를 분류하는 것과 수직선과의 대응관계를 확실하게 알아두면 무리수와 실수까지 수를 확장시키는 데 많은 도움이 됩니다.

2. 정수와 유리수의 대소 관계

실생활에서 항상 접하고 있는 양수와 달리, 음수 간에 크기를 비교하는 것은 조금 낯섭니다. 그래서 음수를 포함한 수의 크기 비교에서는 수직선의 성질과 수직선 위에서의 거리 개념을 이용해야 합니다. 이때 수직선의 거리를 나타내는 기초 개념인 절댓값을 먼저 이해하고 응용할 수 있어야 합니다.

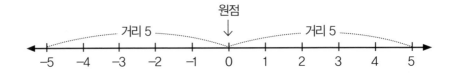

절댓값은 수직선 위에서 원점으로부터 어떤 수를 나타내는 점까지의 거리를 의미하고, 기호 | |을 사용해 나타냅니다. 예를 들어 +5의 절댓값은 | +5 |=5이고, −5의 절댓값은 | −5 |=5입니다. 여기에서 0의 절댓값은 | 0 |= 0이고, 그 외의 모든 수의 절댓값은 양수입니다.

수직선 위에 자연수를 대응시켜 보면 알 수 있듯이, 수직선에서 오른쪽의 수는 왼쪽의 수보다 항상 큽니다. 원점(0)을 기준으로 음수는 왼쪽, 양수는 오른쪽에 있으므로, 양수는 0보다 크고 음수는 0보다 작습니다. 또한 양수는 음수보다 항상 크다는 것을 알 수 있습니다.

수직선에서 양수는 커질수록 원점에서 멀어지고 음수는 작아질수록 원점에서 멀어집니다. 즉 양수는 커질수록 절댓값이 커지고 음수는 작아질수록 절댓값이 커집니다. 따라서 양수끼리 대소비교를 할 때는 절댓값이 큰 수가 크고, 음수끼리는 절댓값이 큰 수가 작은 수입니다. 예를 들어 $-\frac{3}{2}$과 $-\frac{2}{3}$의 절댓값을 비교해 보면, $\left|-\frac{3}{2}\right|=\frac{3}{2}$과 $\left|-\frac{2}{3}\right|=\frac{2}{3}$이므로 $\left|-\frac{3}{2}\right|>\left|-\frac{2}{3}\right|$입니다. 음수끼리는 절댓값이 큰 수가 작으므로 $-\frac{3}{2}<-\frac{2}{3}$입니다. 이를 수직선 위에 나타내면 다음과 같습니다.

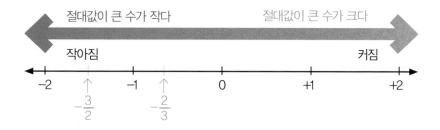

아직 음의 부호(−)에 익숙하지 않은 학생들은 단순히 절댓값을 이용해 크기 비교하는 것보다는 수직선 위에 직접 나타내 보며 대소 관계를 연습하는 것이 좋습니다. 수직선에 수를 나타내어 수의 크기 비교하는 것을 연습하면 다양한 수직선의 성질을 확실히 하는 데 도움이 됩니다. 예를 들어 절댓값을 단순히 부호를 없애는 것이 아니라 수직선에서 원점과의 거리로 의미를 이해할 수 있고, 정수와 유리수가 수직선에 대응하는 위치를 정확히 파악하고 그 대소 관계를 직관적으로 이해할 수 있습니다.

3. 정수와 유리수의 덧셈

정수와 유리수의 덧셈을 이해할 때도 수직선에서 정수의 위치 변화로 먼저 연산의 원리를 이해하는 것이 좋습니다. 그리고 정수의 연산 방법을 유리수에 똑같이 적용해 계산할 수 있습니다.

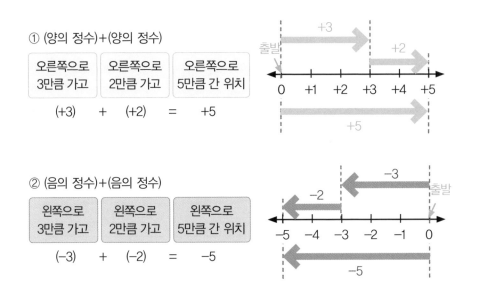

① (양의 정수)+(양의 정수)

오른쪽으로 3만큼 가고	오른쪽으로 2만큼 가고	오른쪽으로 5만큼 간 위치

$(+3)$ + $(+2)$ = $+5$

② (음의 정수)+(음의 정수)

왼쪽으로 3만큼 가고	왼쪽으로 2만큼 가고	왼쪽으로 5만큼 간 위치

(-3) + (-2) = -5

수직선에서 (양의 정수)+(양의 정수), (음의 정수)+(음의 정수)는 모두 같은 방향으로 2번 움직입니다. 즉 움직인 방향은 두 수의 부호가 나타내는 방향과 같고 이동한 거리는 두 수의 절댓값의 합입니다. 따라서 부호가 같은 두 수의 덧셈은 두 수의 절댓값의 합에 공통인 부호를 부여해 계산합니다.

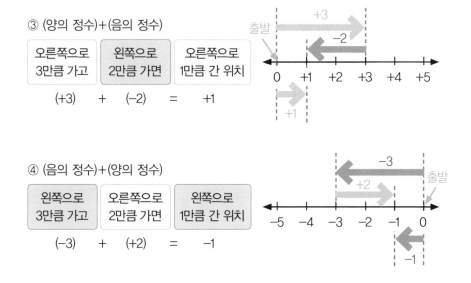

③ (양의 정수)+(음의 정수)

| 오른쪽으로 3만큼 가고 | 왼쪽으로 2만큼 가면 | 오른쪽으로 1만큼 간 위치 |

$$(+3) \ + \ (-2) \ = \ +1$$

④ (음의 정수)+(양의 정수)

| 왼쪽으로 3만큼 가고 | 오른쪽으로 2만큼 가면 | 왼쪽으로 1만큼 간 위치 |

$$(-3) \ + \ (+2) \ = \ -1$$

 (양의 정수)+(음의 정수), (음의 정수)+(양의 정수)는 수직선에서 이동하는 방향이 바뀌므로, 많이 움직인 쪽의 방향을 따르고 이동한 거리는 두 수의 절댓값의 차와 같습니다. 따라서 부호가 다른 두 수의 덧셈은 두 수의 절댓값의 차에 절댓값이 큰 수의 부호를 붙여 계산합니다.

 수직선에서의 연산이 익숙해지면 수직선을 이용하지 않고 두 수의 절댓값을 이용해 계산해 빠르고 정확하게 계산하도록 합니다.

 두 수의 덧셈에서 순서를 바꾸어 더해도 결과가 같아지는 교환법칙이 성립하고, 세 수의 덧셈에서 앞의 두 수 또는 뒤의 두 수를 먼저 더한 후에 나머지 수를 더해도 결과가 같아지는 결합법칙이 성립합니다. 이를 이용해 세 수 이상의 덧셈은 더하는 순서를 적당히 바꾸면 편리하게 계산할 수 있습니다.

4. 정수와 유리수의 뺄셈

음수도 이제 겨우 적응한 상태에서 덧셈과 뺄셈을 함께 배우게 되면 음의 부호와 뺄셈 기호에 많은 혼란을 겪게 됩니다. 뺄셈은 덧셈의 반대되는 연산으로 이해해 문제를 풀기 때문에 유리수의 덧셈을 충분히 연습한 후에 뺄셈을 학습하는 것이 좋습니다.

자연수에서 덧셈식 2+4=6을 이용해 뺄셈식 6-4=2을 만들었던 것처럼, 정수에서도 덧셈과 뺄셈의 관계를 이용해 뺄셈을 계산할 수 있습니다.

예를 들면 덧셈식 (−2)+(+6)=+4를 이용해 뺄셈식 (+4)−(+6)=−2를 만들 수 있습니다. 그리고 −2는 정수의 덧셈식으로 표현하면 −2=(+4)+(−6)이 됩니다. 따라서 뺄셈식 (+4)−(+6)은 덧셈식 (+4)+(−6)으로 바꾸어 계산할 수 있습니다.

또한 덧셈식 $(+6)+(-4)=+2$를 이용해 뺄셈식 $(+2)-(-4)=+6$을 만들 수 있습니다. 그리고 $+6=(+2)+(+4)$의 덧셈식으로 표현 가능하므로 $(+2)-(-4)$은 $(+2)+(+4)$으로 계산할 수 있습니다.

뺄셈을 덧셈으로 바꾸어 계산하기는 정수뿐 아니라 유리수에서도 적용할 수 있습니다. 따라서 유리수인 소수와 분수가 섞여 있는 식에서 뺄셈을 할 때는 먼저 빼는 수의 부호를 바꾸어 덧셈으로 고치고 소수와 분수 중 하나로 정리해 계산하도록 합니다.

또한 부호가 생략해 나타낸 식 $3-7+5$와 같은 경우에는 먼저 $(+3)-(+7)+(+5)$처럼 생략된 양의 부호를 적어 줍니다. 그리고 빼는 수의 부호를 바꾸어 뺄셈을 덧셈으로 고쳐 $(+3)+(-7)+(+5)$로 계산합니다. 이렇게 덧셈식으로 고치면 교환법칙과 결합법칙이 모두 성립하기 때문에, 부호가 같은 수인 $(+3)+(+5)=+8$을 먼저 더한 후, $(+8)+(-7)=+1$을 계산하면 편리합니다.

5. 정수와 유리수의 곱셈

양수와 음수의 곱셈은 서로 원리가 다르지 않기 때문에, 음수의 곱셈도 익숙한 양수의 곱셈과 연관 지어 수직선으로 이해하면 그 원리와 의미를 파악하는 데 도움이 됩니다.

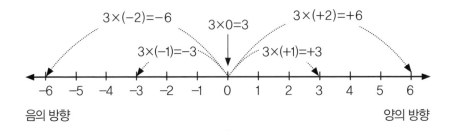

수직선에서 두 정수의 곱셈식 3×(+2)=+6은 0에서 양의 방향으로 3을 2번 이동하고, 3×(−2)=+6은 양의 방향이었던 3을 그 반대 방향(음의 방향)으로 바꾸어 2번 이동하는 의미입니다. 또한 (−3)×(+2)=−6은 0에서 음의 방향으로 3을 2번 이동하고, (−3)×(−2)=+6은 음의 방향이었던 3을 그 반대 방향(양의 방향)으로 바꾸어 2번 이동한 것으로 이해할 수 있습니다. 즉 (양수)×(양수)=(두 수의 곱), (양수)×(음수)=(음수)×(양수)=−(두 수의 절댓값의 곱), (음수)×(음수)=+(두 수의 절댓값의 곱)으로 계산합니다.

유리수의 곱셈도 정수의 곱셈과 같은 방법으로 적용해, 부호가 같은 두 수의 곱은 두수의 절댓값의 곱에 양의 부호 +를 붙이고, 부호가 다른 두 수의 곱은 두 수의 절댓값의 곱에 음의 부호 −를 붙인 것과 같습니다. 여기에서 어떠한 수든 0을 곱하면 항상 0이 됩니다.

또한 음수를 2개 곱하면 양수가 되고, 음수를 3개 곱하면 다시 음수가 됩니다. 따라서 0이 아닌 3개 이상의 수를 곱할 때, 곱의 부호는 음수의 개수가 짝수이면 +, 홀수이면 −로 결정할 수 있습니다. 단, 양수는 몇 개를 곱해도 부호가 바뀌지 않으므로 양수의 개수는 곱의 부호에 영향을 주지 않습니다.

유리수의 덧셈을 배운 후 곱셈을 접하면, 덧셈과 같은 방법으로 부호를 결정하는 실수를 하는 경우가 많습니다. 따라서 덧셈과 곱셈의 연산 차이를 분명히 이해하고 연산이 익숙해질 때까지 부호 결정으로 실수하지 않도록 주의를 기울여야 합니다. 따라서 수를 곱할 때는 부호를 먼저 판단한 후에, 각 수들의 절댓값의 곱에 그 부호를 붙여 계산하면 정확하고 빠르게 계산할 수 있습니다.

또한 음수의 거듭제곱을 계산할 때도 지수가 짝수이면 부호가 +, 홀수이면 부호가 −로 결정됩니다. 주의할 점은 $(-5)^2$과 -5^2의 차이를 분명히 이해하는 것입니다. $(-5)^2$은 -5를 2번 곱한 것으로, $(-5)^2=(-5)\times(-5)=+25$이고, -5^2은 5를 2번 곱한 수에 음의 부호를 붙인 것으로 $-5^2=-(5\times5)=-25$입니다. 거듭제곱이 괄호에 붙어 있으면 괄호 안의 숫자를 지수만큼 곱하는 것이고, 괄호 없이 양수 위에 붙어 있으면 그 양수를 지수만큼 곱하는 것임을 확실하게 구분해 계산하도록 합니다.

두 수의 곱셈에서도 덧셈과 마찬가지로 순서를 바꾸어 더해도 결과가 같아지는 교환법칙이 성립하고, 세 수의 곱셈에서 앞의 두 수 또는 뒤의 두 수를 먼저 곱한 후에 나머지 수를 곱해도 결과가 같아지는 결합법칙이 성립합니다. 이를 이용해 세 수 이상의 곱셈은 계산이 쉬운 수를 먼저 곱하면서 적당히 순서를 바꾸면 편리하게 계산할 수 있습니다.

▸ 분배법칙

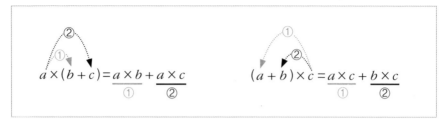

$$a \times (b+c) = \underline{a \times b} + \underline{a \times c}$$
$$\qquad\qquad\quad ① \qquad\quad ②$$

$$(a+b) \times c = \underline{a \times c} + \underline{b \times c}$$
$$\qquad\qquad\quad ① \qquad\quad ②$$

새롭게 정의된 덧셈에 대한 곱셈의 분배법칙으로 어떤 수에 두 수의 합을 곱한 것은 어떤 수에 두 수를 각각 곱해 더한 것과 같다는 것을 알 수 있습니다. 예를 들어 15×103와 $123 \times 97 + 123 \times 3$을 분배법칙을 이용해 계산하면 다음과 같습니다.

① $15 \times \underline{103} = 15 \times (\underline{100} + 3) = 15 \times \underline{100} + 15 \times \underline{3} = 1500 + 45 = 1545$

② $123 \times \underline{97} + 123 \times \underline{3} = 123 \times (\underline{97+3}) = 123 \times 100 = 12300$

이처럼 문제에 따라 $a \times (b+c)$ 대신 $a \times b + a \times c$로 바꾸어 계산하거나, $a \times b + a \times c$를 $a \times (b+c)$로 계산하면 편리한 경우를 찾아 적절하게 분배법칙을 이용할 수 있습니다. 이는 중학교 3학년 인수분해 단원에서 다항식을 이용한 분배법칙으로 심화되기 때문에 그 기초가 되는 유리수의 분배법칙을 다양하게 활용할 수 있어야 합니다.

6. 정수와 유리수의 나눗셈
자연수의 곱셈식 $2 \times 3 = 6$을 이용해 나눗셈식 $6 \div 3 = 2$를 학습했던 것과 마찬가지로, 정수와 유리수의 나눗셈도 곱셈식과의 관계를 이용해 이해할 수 있습니다. 예를 들어 절댓값이 2와 3인 수의 곱을 이용해서 나눗셈식을 표현하면 다음과 같습니다.

$$(+2) \times (+3) = +6 \quad \Rightarrow \quad (+6) \div (+3) = +2$$

$$(-2) \times (+3) = -6 \quad \Rightarrow \quad (-6) \div (+3) = -2$$

$$(+2) \times (-3) = -6 \quad \Rightarrow \quad (-6) \div (-3) = +2$$

$$(-2) \times (-3) = +6 \quad \Rightarrow \quad (+6) \div (-3) = -2$$

나눗셈은 곱셈의 반대 연산이기 때문에 부호는 곱셈과 같은 방식으로 판단할 수 있습니다. 따라서 부호가 같은 두 수의 나눗셈은 두 수의 절댓값을 나눈 몫에 양의 부호 +를 붙이고, 부호가 다른 두 수의 나눗셈은 두 수의 절댓값을 나눈 몫에 음의 부호 −를 붙입니다.

또한 $0 \times \square = 0 \Rightarrow 0 \div \square = 0$이고, □ 안에는 어떤 수를 넣어도 성립하게 되므로 0을 0이 아닌 수로 나눈 몫은 항상 0입니다. 하지만 나눗셈에서 0으로 나누는 것은 정의되지 않기 때문에 생각하지 않습니다.

나눗셈은 덧셈이나 곱셈과 달리 순서를 바꾸어도 계산 결과가 같아지는 교환법칙과 결합법칙이 성립하지 않습니다. 하지만 편리한 계산을 위해 뺄셈을 덧셈으로 바꾸었던 것처럼, 나눗셈에서도 곱셈으로 바꾸어 계산할 수 있습니다. 나눗셈을 곱셈으로 바꿀 때는 역수를 이용해야 합니다.

역수는 두 수의 곱이 1이 될 때 한 수를 다른 수의 역수라고 합니다.

$a \times b = 1$이면 a와 b는 서로의 역수입니다. 예를 들어 $(-\frac{3}{2}) \times (-\frac{2}{3}) = 1$ 이므로 $-\frac{3}{2}$의 역수는 $-\frac{2}{3}$입니다. 즉 역수는 어떤 수에 곱해서 1이 되는 수이고, 어떤 수와 부호가 같고 분자와 분모의 자리를 바꾼 수입니다. 하지만 모든 수에 역수가 있는 것은 아닙니다. 0과 곱해 1이 되는 수는 없으므로 0의 역수는 존재하지 않게 됩니다.

역수를 이용하면 $(-9) \div (-\frac{3}{2}) = (-9) \times (-\frac{2}{3})$처럼 나눗셈을 역수의 곱셈으로 고쳐서 계산할 수 있습니다. 역수를 이용할 때는 역수의 부호를 바꾸지 않도록 주의해야 합니다. 그리고 소수의 역수는 반드시 분수로 고쳐서 구해야 합니다.

지금까지 정수와 유리수의 사칙계산에 대해 살펴보았습니다. 각각의 연산의 원리를 이해하고 적용한다면, 다양한 사칙연산이 섞여 있는 식도 무리 없이 계산할 수 있습니다. 다만 초등 과정의 혼합계산에서 학습한 대로 계산 순서를 주의할 필요가 있습니다.

먼저 거듭제곱을 계산하고, 소괄호 ( ), 중괄호 { }, 대괄호 [ ] 순서로 괄호 안을 간단하게 정리합니다. 나눗셈은 역수의 곱셈으로 바꾸며 곱셈과 나눗셈을 덧셈과 뺄셈보다 먼저 계산합니다. 곱셈과 나눗셈이나 덧셈과 뺄셈끼리는 앞에서부터 차례로 계산하는 것이 좋습니다. 복잡한 식에서 순서를 정해 놓고 계산하면 실수를 줄일 수 있고, 계산 과정 중에 틀린 부분을 찾아 바르게 계산하는 데 도움이 될 것입니다.

우리가 알아야 할 것

- 0을 기준으로 0보다 큰 수를 양수, 0보다 작은 수를 음수라고 합니다.
- 정수는 자연수인 양의 정수와 0 그리고 음의 정수가 있습니다.
- 유리수는 분수로 나타낼 수 있는 수이고, 정수와 정수가 아닌 유리수로 분류할 수 있습니다.
- 유리수는 모두 수직선 위에 나타낼 수 있고, 0으로부터의 거리를 나타내는 절댓값을 이용해 대소 관계를 파악할 수 있습니다.
- 정수와 유리수의 덧셈, 뺄셈, 곱셈, 나눗셈의 원리를 이해하고 계산합니다.

유리수와 순환소수

무슨 의미냐면요

· · ·

유리수는 정수와 정수가 아닌 유리수로 분류합니다. 이때 정수가 아닌
유리수는 소수로 바꾸어 유한소수와 순환소수로 나타낼 수 있습니다.

좀 더 설명하면 이렇습니다

· · ·

1. 유리수의 소수 표현

유리수는 a, b가 정수이고 $b \neq 0$일 때, 분수 $\dfrac{a}{b}$의 꼴로 나타낼 수 있
는 수입니다. 이때 $\dfrac{a}{b} = a \div b$이므로 모든 유리수는 분자를 분모로 나누

어 정수 또는 소수로 나타낼 수 있습니다. 예를 들어 $\frac{3}{2} = 1.5$, $\frac{7}{25} = 0.28$, $\frac{2}{3} = 0.666\cdots$, $\frac{5}{11} = 0.454545\cdots$ 와 같이 분수를 소수로 표현했을 때 소수점 아래 0이 아닌 숫자가 얼마나 나타나는지에 따라 크게 2가지로 구분할 수 있습니다. 1.5와 0.28처럼 소수점 아래의 0이 아닌 숫자가 유한 번 나타나는 소수를 유한소수라고 하고, 0.666…와 0.454545…처럼 무한 번 나타나는 경우는 무한소수라고 합니다.

무한소수 0.666…와 0.454545…의 경우 소수점 아래의 어떤 자리부터 일정한 숫자의 배열이 끝없이 되풀이되는 것을 순환소수라고 하고, 되풀이되는 한 부분을 순환마디라고 합니다. 순환소수는 순환마디의 양 끝의 숫자 위에 점을 찍어서 $0.666\cdots = 0.\dot{6}$, $0.454545\cdots = 0.\dot{4}\dot{5}$로 간단하게 표현합니다. 순환소수를 간단히 표현할 때는 소수점 아래 처음으로 나타나는 순환마디의 양 끝의 숫자 위에 점을 찍는 것을 주의합니다. 예를 들어 0.12343434…를 $0.123\dot{4}\dot{3}$이나 $0.12\dot{3}\dot{4}\dot{3}\dot{4}$로 나타내는 것, 또는 1.21212…를 $1.\dot{2}$로 나타내는 것은 잘못된 표현입니다.

(1) 유한소수로 나타낼 수 있는 분수

유리수의 다양한 분수 중에서 유한소수로 나타낼 수 있는 분수는 어떤 특징을 가질까요?

먼저 유한소수를 분수로 바꾸어 보면 $0.6 = \frac{6}{10}$, $1.45 = \frac{145}{10^2}$, $0.123 = \frac{123}{10^3}$ 와 같이, 모든 유한소수는 분모가 10의 거듭제곱인 분수 $\frac{a}{10^n}$(a: 정수, n: 자연수) 꼴로 나타낼 수 있습니다. 여기에서 분모를 소인수분해하면

$10=2\times5$, $10^2=2^2\times5^2$, $10^3=2^3\times5^3$, $\cdots$, $10^n=2^n\times5^n$ (n: 자연수)으로 분모는 소인수 2와 5만을 갖게 됩니다.

반대로 분모의 소인수가 2 또는 5뿐인 기약분수이면, 그 분모와 분자에 적당한 수를 곱해 분모를 10^n으로 만들어 유한소수로 나타낼 수 있습니다. 예를 들어 기약분수 $\dfrac{2}{5}$는 분모의 소인수 2와 5의 지수가 같아지도록 분모와 분자에 2를 곱해 $\dfrac{2}{5}=\dfrac{2\times2}{5\times2}=\dfrac{4}{10}=0.4$로, 기약분수 $\dfrac{7}{40}$은 분모와 분자에 5^2을 곱해 $\dfrac{7}{40}=\dfrac{7}{2^3\times5}=\dfrac{7\times5^2}{2^3\times5\times5^2}=\dfrac{175}{1000}=0.175$로 나타낼 수 있습니다.

또한 $\dfrac{9}{75}=\dfrac{3^2}{3\times5^2}$은 분모의 소인수에 2와 5 이외의 수인 3을 가지지만 기약분수로 나타내면 $\dfrac{9}{75}=\dfrac{3}{5^2}$이 됩니다. 결국 분모와 분자에 2^2을 곱해 $\dfrac{9}{75}=\dfrac{3}{5^2}=\dfrac{3\times2^2}{5^2\times2^2}=\dfrac{12}{100}=0.12$인 유한소수로 표현할 수 있습니다.

따라서 분수를 유한소수로 표현이 가능한지를 판단할 때는 반드시 기약분수로 고친 상태에서 분모의 소인수를 확인해야 하고, 정수가 아닌 기약분수에서 분모의 소인수가 2 또는 5뿐이면 그 분수는 유한소수로 나타

▸ 유한소수로 나타낼 수 있는 분수

정수가 아닌 유리수를 기약분수로 나타내었을 때, 분모의 소인수가 2 또는 5뿐이면 그 유리수는 유한소수로 나타낼 수 있다.

예 $\dfrac{7}{20}=\dfrac{7}{2^2\times5}=\dfrac{7\times5}{2^2\times5\times5}=\dfrac{35}{100}=0.35$

낼 수 있습니다.

(2) 순환소수로 나타낼 수 있는 분수

기약분수의 분모가 2 또는 5 이외의 소인수를 가지면 어떨까요? 예를 들어 $\dfrac{2}{15}=\dfrac{2}{3\times5}$는 분모에 2와 5 이외의 소인수 3을 갖기 때문에 분모와 분자에 어떠한 수를 곱해도 분모를 10^n 꼴로 나타낼 수 없습니다. 이 경우 소수로 나타내면 $\dfrac{2}{15}=2\div15=0.1333\cdots$와 같이 순환소수가 됩니다.

▸ 순환소수로 나타낼 수 있는 분수

> 정수가 아닌 유리수를 기약분수로 나타내었을 때, 분모의 소인수가 2 또는 5 이외의 소인수가 있으면 그 유리수는 순환소수로 나타낼 수 있다.
>
> 예 $\dfrac{7}{15}=\dfrac{7}{3\times5}=0.4666\cdots=0.4\dot{6}$

이처럼 분수를 소수로 나타낼 때, 유한소수가 아니면 이 소수는 반드시 순환소수가 됩니다. 따라서 정수가 아닌 모든 유리수는 유한소수와 순환소수로 나타낼 수 있습니다.

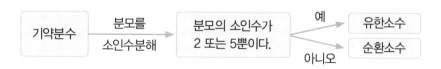

2. 순환소수의 분수 표현

앞서 유한소수는 분모를 10의 거듭제곱인 꼴로 만들어 분수로 표현했습니다. 그러면 순환소수는 어떻게 분수로 나타낼 수 있을까요? 순환소수 $0.3\dot{6}\dot{2}$을 분수로 나타내는 과정을 통해 순환소수는 분수로 표현하는 방법을 알아봅시다.

① 순환소수를 x로 놓으면, $x = 0.36262\cdots$이다.

② $0.3/62/6262\cdots$처럼 순환마디 62의 앞뒤로 끊어준다.

③ 소수점 아래 부분이 같아지도록 양변에 10의 거듭제곱을 곱한다.

$10x = 3.6262\cdots$, $1000x = 362.626262\cdots$

④ 두 식의 양변을 서로 빼서 x를 구한다.

$$
\begin{array}{r}
1000x = 362.6262\cdots \\
-) 10x = 3.6262\cdots \\
\hline
990x = 359
\end{array}
$$

따라서 $x = \dfrac{359}{990}$, 즉 $0.3\dot{6}\dot{2} = \dfrac{359}{990}$이다.

순환소수를 분수로 바꾸는 중, ③ 과정에서 양변에 10의 거듭제곱을 곱할 때, 소수점 아래의 부분이 같아지도록 하는 방법은 여러 가지가 있습니다.

$x = 0.3626262\cdots$ $\qquad$ $10x = 3.6262\cdots$

$100x = 36.2626262\cdots$ $\qquad$ $1000x = 362.626262\cdots$

$10000x = 3626.26262\cdots$ $\qquad$ $100000x = 36262.6262\cdots$

소수점 아래의 부분이 같은 $100x$, $10000x$의 차도 정수가 되고, $10x$, $1000x$, $100000x$ 중 어느 두 수의 차도 정수가 됩니다. 따라서 10의 거듭제곱을 달리해 곱해도 계산은 가능하지만, 보통 계산의 편의를 위해 가장 간단한 식인 $1000x - 10x$를 사용합니다. 이때 x의 순환마디를 찾아서 그 앞과 뒤에 각각 소수점이 위치하도록 10의 거듭제곱을 곱하면 쉽게 간단한 식을 만들 수 있습니다.

이 원리대로 공식화해 순환소수를 분수로 표현하면 다음과 같습니다.

① 분모에는 순환마디를 이루는 숫자의 개수만큼 9를 쓰고, 그 뒤에 소수점 아래 순환마디에 포함되지 않는 숫자의 개수만큼 0을 쓴다.
② 분자에는 전체의 수에서 순환하지 않는 부분의 수를 뺀다.

예를 들어 $0.3\dot{6}\dot{2}$에서 순환마디를 이루는 숫자가 2개, 소수점 아래 순환마디에 포함되지 않는 숫자는 1개이므로 분모는 990입니다. 분자는 (전체의 수) - (순환하지 않는 부분의 수) = $362 - 3 = 359$이므로, $0.3\dot{6}\dot{2} = \dfrac{359}{990}$ 입니다.

교육과정에서는 공식화하는 방법이 소개되어 있지 않아 순환소수를

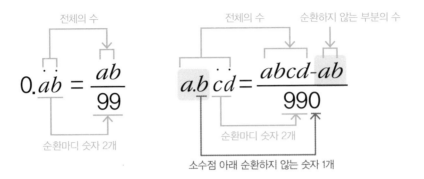

분수로 바꾸는 방법의 원리와 과정을 묻는 문제가 많습니다. 따라서 반드시 처음 소개한 방법으로 원리와 과정을 자세히 이해하고 연습해야 합니다. 하지만 두 번째 소개한 공식은 순환소수를 분수로 빠르고 정확하게 바꿀 수 있어 고등 과정까지 자주 이용할 수 있는 방법입니다.

3. 유리수와 소수의 관계

위 내용을 종합해 보면, 순환소수와 유한소수 모두 분수 $\frac{a}{b}$ (a, b는 정수, $b \neq 0$)으로 나타낼 수 있으므로 유리수입니다. 또한 정수가 아닌 모든 유리수는 유한소수 또는 순환소수로 나타낼 수 있습니다.

그러면 정수는 유한소수일까요? 예를 들어 정수 $-2, 0, 37$은 $-2.0,$ $0.0, 37.0$처럼 표현할 수 있으므로 유한소수로 볼 수 있습니다. 또한 교육 과정에서는 유한소수를 소수점 아래의 0이 아닌 수가 유한개만 나오도록 표현할 수 있는 수로 정의하고 있는데, 0개도 유한개이므로 정수를 유한소수라고 할 수 있습니다.

우리가 알아야 할 것 +

- 소수는 소수점 아래의 0이 아닌 숫자가 나타나는 수에 따라 유한소수와 무한소수로 나눌 수 있습니다.
- 순환소수는 소수점 아래의 어떤 자리에서부터 일정한 숫자의 배열이 끝없이 되풀이되는 무한소수이고, 순환마디의 양 끝 숫자 위에 점을 찍어 표현합니다.
- 정수가 아닌 분수를 기약분수로 나타내었을 때, 분모의 소인수가 2 또는 5뿐이면 그 분수는 유한소수로, 2 또는 5 이외의 소인수가 있으면 순환소수로 나타낼 수 있습니다.
- 정수가 아닌 모든 유리수는 유한소수 또는 순환소수로 나타낼 수 있습니다.
- 유한소수와 순환소수는 모두 분수로 나타낼 수 있으므로 유리수입니다.

제곱근과 실수

무슨 의미냐면요

...

유리수가 아닌 수를 무리수라고 정의하고, 유리수와 무리수를 통틀어 실수라고 합니다. 무리수는 제곱근을 이용해 표현할 수 있고, 이를 수직선 위에 나타낼 수 있습니다. 이로써 모든 실수가 수직선에 대응되고 그 크기를 비교할 수 있습니다.

좀 더 설명하면 이렇습니다

...

중학교 2학년에서 배운 유리수로는 모든 수를 표현할 수 없었습니다.

예를 들어 한 변의 길이가 1인 정사각형의 대각선 길이는 유리수로 나타낼 수 없습니다. 이처럼 유리수가 아닌 수를 무리수라고 하고, 이를 표현하기 위해 새로운 개념, 제곱근을 정의해 사용하게 됩니다.

1. 제곱근의 뜻

제곱근은 이름에서 알 수 있듯이 제곱에서 파생된 개념입니다. 어떤 수 x를 제곱해 $a(a \geq 0)$가 될 때, 즉 $x^2 = a$일 때, x를 a의 제곱근이라고 합니다.

$(-2)^2 = 4$에서 -2는 4의 제곱근이며, $2^2 = 4$의 경우에서는 2도 4의 제곱근이 됩니다. 4의 제곱근에서 -2처럼 음수인 제곱근을 음의 제곱근, 2처럼 양수인 제곱근을 양의 제곱근이라고 합니다. 이처럼 모든 양수의 제곱근은 양수와 음수 2개가 있으며, 제곱해 0이 되는 수는 0뿐이므로 0의 제곱근은 1개입니다. 그리고 양수와 음수 모두 제곱하면 양수가 되므로 음수의 제곱근은 없습니다.

양수 a의 제곱근은 기호 $\sqrt{}$ 를 사용해 양의 제곱근 $\sqrt{a}$와 음의 제곱근 $-\sqrt{a}$로 표현하며, 이를 간단히 $\pm\sqrt{a}$로 나타낼 수 있습니다. 이때 사용된 제곱근 기호 $\sqrt{}$ 를 근호라고 하며, '제곱근' 또는 '루트'라고 읽습니다.

예를 들어 4는 양의 제곱근 $\sqrt{4}$와 음의 제곱근 $-\sqrt{4}$를 가지고, 4의 제곱근은 $\pm\sqrt{4}$로 나타낼 수 있습니다. 여기서 $(-2)^2 = 4$이고 $2^2 = 4$이므로 4의 양의 제곱근은 $\sqrt{4} = 2$, 음의 제곱근은 $-\sqrt{4} = -2$로 계산 가능합니다. 이처럼 a가 어떤 수의 제곱일 때, a의 제곱근은 근호 없이 표현할 수 있습니다.

그러면 5의 제곱근과 제곱근 5의 차이는 무엇일까요? 5의 제곱근은 제곱해 5가 되는 수이므로 $\pm\sqrt{5}$로 2개입니다. 제곱근 5는 루트 5와 같은 표현으로 $\sqrt{5}$ 하나뿐입니다. 즉 5의 양의 제곱근은 $\sqrt{5}$, 5의 음의 제곱근은 $-\sqrt{5}$이고, 제곱근 5는 $\sqrt{5}$입니다. 하지만 0의 제곱근과 제곱근 0은 모두 $\sqrt{0}=0$ 하나를 의미하며, 서로 같습니다.

2. 제곱근의 성질과 대소 관계

근호를 포함한 식을 간단히 하고, 제곱근의 크기를 비교해 대소 관계를 설명하기 위해서는 제곱근의 성질을 먼저 이해해야 합니다.

(1) 제곱근의 성질

예를 들어 2의 제곱근은 $\sqrt{2}$와 $-\sqrt{2}$입니다. 따라서 이 둘을 제곱하면 $(\sqrt{2})^2=2, (-\sqrt{2})^2=2$입니다. 따라서 양수 a의 제곱근을 제곱하면 a가 되어 $(\sqrt{a})^2=(-\sqrt{a})^2=a$가 됩니다.

▸ 제곱근의 성질

$a>0$일 때

① $(\sqrt{a})^2=(-\sqrt{a})^2=a \rightarrow a$의 제곱근을 제곱하면 a

② $\sqrt{a^2}=\sqrt{(-a)^2}=a \rightarrow$ 근호 안이 어떤 수의 제곱이면 근호를 사용하지 않고 나타낼 수 있다.

또한 $2^2 = 4$, $(-2)^2 = 4$의 양변에 제곱근을 씌우면 $\sqrt{2^2} = \sqrt{4} = 2$, $\sqrt{(-2)^2} = \sqrt{4} = 2$입니다. 따라서 4처럼 근호 안의 수가 어떤 수의 제곱이면 근호 없이 나타낼 수 있습니다. 즉 양수 a에 대해 $\sqrt{a^2} = a$이고, $\sqrt{(-a)^2} = a$입니다.

결국 $\sqrt{a^2}$은 a의 부호에 관계 없이 항상 양수 또는 0으로 나오기 때문에 절댓값 a와 같이 계산을 할 수 있습니다.

$$\sqrt{a^2} = |a| = \begin{cases} a \ (a \geq 0) \ \Rightarrow \text{부호 그대로} \\ -a \ (a < 0) \ \Rightarrow \text{부호 반대로} \end{cases}$$

다항식 A가 음수일 때 $\sqrt{A^2}$은 $-A$지만 $+A$로 계산해 틀리는 경우가 많습니다. 제곱근을 포함한 식에서 $\sqrt{A^2}$은 익숙한 개념인 $|A|$(절댓값 A)로 바꾸고, A의 부호를 조사해 $|A|$를 간단히 정리합니다. 이 과정이 충분히 익숙해지면 절댓값으로 변환하는 과정을 점차 생략해 빠르게 계산할 수 있습니다.

(2) 제곱근의 대소 관계

제곱근의 크기를 비교하기 위해 두 정사각형을 생각해 봅시다. 한 변의 길이가 각각 $\sqrt{2}$와 $\sqrt{3}$인 두 정사각형의 넓이는 2와 3입니다. 이처럼 정사각형의 한 변의 길이가 길수록 그 넓이도 더 넓습니다. 즉 두 양수 a, b에 대해 $\sqrt{a} < \sqrt{b}$이면 $a < b$이고, $a < b$이면 $\sqrt{a} < \sqrt{b}$라고 할 수 있습

니다. 여기에서 $1.4 < 1.5$이므로 $\sqrt{1.4} < \sqrt{1.5}$인 것처럼, 근호 안의 수가 소수이거나 분수인 경우에도 제곱근의 대소를 비교할 수 있습니다.

또한 두 양수 a와 $\sqrt{b}$의 대소비교는 2가지 방법이 있습니다. 첫 번째로 근호가 있는 수로 바꾸어 $\sqrt{a^2}$과 $\sqrt{b}$를 비교하거나, 두 번째로 각 수를 제곱해 a^2과 b를 비교할 수 있습니다. 두 방법 중 상황에 따라 자신이 편한 방법으로 연습해 계산합니다.

예를 들어 4와 $\sqrt{4}$를 비교하면 $4 = \sqrt{4^2} > \sqrt{4}$이므로 $4 > \sqrt{4}$입니다. 그러면 양수 a에 대해 a와 $\sqrt{a}$의 대소 관계는 항상 $a > \sqrt{a}$ 이 성립할까요? 그렇지 않습니다. 4와 $\sqrt{4}$을 비교한 것과 같이, $a>1$일 때는 $a > \sqrt{a}$ 입니다. 하지만 $\frac{1}{2} = \sqrt{\frac{1}{4}} < \sqrt{\frac{1}{2}}$이므로 $\frac{1}{2} < \sqrt{\frac{1}{2}}$인 것과 같이, $0<a<1$일 때는 $\sqrt{a^2} < \sqrt{a}$, 즉 $a < \sqrt{a}$입니다. 또한 $a=1$일 때는 $1^2 = 1$이므로 $1 = \sqrt{1}$, 즉 $a = \sqrt{a}$입니다. 따라서 양수 a에 대해 $a > \sqrt{a}$ 이 항상 성립하는 것은 아닙니다.

제곱근의 성질을 이용해 식을 간단히 할 때, 근호 안의 수가 제곱수이

▸ 제곱수

- 제곱수: 1, 4, 9, 16, …와 같이 자연수의 제곱인 수
- 근호 안의 수가 제곱이면 근호를 사용하지 않고 자연수로 나타낼 수 있다.

  → $\sqrt{(제곱수)} = \sqrt{(자연수)^2} = (자연수)$
- 외워두면 편리한 제곱수

  $11^2=121$, $12^2=144$, $13^2=169$, $14^2=196$, $15^2=225$, $16^2=256$, $17^2=289$, $25^2=625$

면 근호를 사용하지 않고 나타낼 수 있습니다. 또한 제곱수들은 제곱근뿐만 아니라 2학기 과정의 피타고라스의 정리에서도 반복해서 이용되므로 자주 나오는 제곱수들은 외워두면 많은 도움이 됩니다.

3. 무리수와 실수

우리가 잘 알고 있는 원주율 π의 값은 $3.141592\cdots$으로 순환소수가 아닌 무한소수이며 유리수가 아닙니다. 또한 $\sqrt{2} = 1.41421\cdots$와 $\sqrt{3} = 1.73205\cdots$처럼 유리수로 나타낼 수 없는 수들은 모두 순환소수가 아닌 무한소수로 나타낼 수 있습니다. 이와 같은 수를 무리수라고 하고, 무리수는 유리수가 아닌 수로 정의합니다. 따라서 무한소수 중에서 순환소수는 유리수이고, 순환하지 않는 소수는 무리수입니다.

▶ 무리수

- 무리수: 유리수가 아닌 수, 즉 순환소수가 아닌 무한소수로 나타내어지는 수
- 소수의 분류

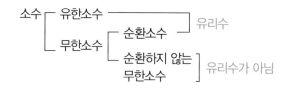

또한 $1+\sqrt{2} = 2.41421\cdots$과 $\sqrt{3}-1 = 0.73205\cdots$에서 알 수 있듯이, (무리수)+ (유리수)와 (무리수)-(유리수)는 모두 순환소수가 아닌 무한소수

가 되므로 무리수가 됩니다. 하지만 (무리수)+(무리수)는 일반적으로 무리수가 많지만, 특수하게 $\sqrt{2}+(-\sqrt{2})=0$과 같은 경우에는 유리수가 될 수도 있습니다.

그러면 $a>0$일 때 $\sqrt{a}$가 모두 무리수일까요? $\sqrt{1}, -\sqrt{\dfrac{4}{9}}, \sqrt{0.25}$는 근호 안의 수가 유리수의 제곱이므로 각각 $1, -\dfrac{2}{3}, 0.5$가 되어 유리수가 됩니다. 즉 근호 안의 수가 어떤 유리수의 제곱이 되는 수는 유리수입니다. 하지만 $\sqrt{5}, -\sqrt{6}, \sqrt{\dfrac{3}{7}}$과 같이 근호 안의 수가 유리수의 제곱이 되지 않는 수는 무리수입니다.

유리수를 수직선 위에 나타낸 것과 같이 모든 무리수도 수직선 위에 나타낼 수 있습니다. 한 변의 길이가 1인 정사각형에서 피타고라스의 정리를 이용하면 $\overline{OA}^2=1^2+1^2=2$이므로 대각선 $\overline{OA}=\sqrt{2}$입니다. 중심이 원점 O이고, $\overline{OA}$를 반지름으로 하는 원을 그려 수직선과 만나는 점을 각각 P, Q라고 하면 이 두 점에 대응하는 수가 각각 $\sqrt{2}, -\sqrt{2}$입니다.

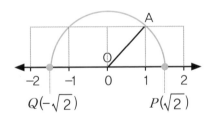

또한 $1+\sqrt{5}$를 수직선에 나타낼 때는 피타고라스 정리를 이용해 대각선 $\overline{AB}=\sqrt{5}$를 반지름으로 하고, 그 중심이 1인 원을 그려 수직선과 만나는 점을 찾습니다. 두 점 중 왼쪽이 $1-\sqrt{5}$이고, 오른쪽의 점이 $1+\sqrt{5}$이 됩니다.

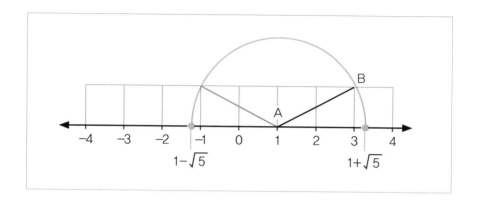

이처럼 수직선 위에는 유리수뿐만 아니라 모든 무리수도 수직선 위에 나타낼 수 있습니다.

유리수와 무리수를 통틀어 실수라고 하고, 중학교에서 배우는 수의 범위 전체가 됩니다. 유리수와 무리수를 모두 수직선 위에 나타낼 수 있으므로 모든 실수는 수직선 위의 한 점에 각각 대응시킬 수 있습니다. 즉 수직선은 실수를 나타내는 직선으로, 실수에 대응하는 점들로 완전히 메울 수 있습니다.

▸ 실수와 수직선

① 수직선은 실수에 대응하는 점들로 완전히 메울 수 있다.
  → 모든 실수는 각 수직선 위의 한 점에 대응한다.
② 유리수(또는 무리수)만으로는 수직선을 완전히 메울 수 없다.
③ 서로 다른 두 실수 사이에는 무수히 많은 실수가 있다.

그리고 유리수와 유리수 사이에 무수히 많은 유리수가 존재하고, 무리수와 무리수 사이에도 무수히 많은 무리수가 존재합니다. 따라서 아무리 가까운 두 실수를 잡더라도, 서로 다른 두 실수 사이에는 무수히 많은 실수(유리수와 무리수)가 존재하게 됩니다.

4. 제곱근의 곱셈과 나눗셈

일반적으로 $a>0$, $b>0$이고, m, n이 유리수일 때, 제곱근의 곱셈은 다음과 같이 계산합니다.

$$① \ \sqrt{a} \times \sqrt{b} = \sqrt{a}\sqrt{b} = \sqrt{ab} \qquad ② \ m\sqrt{a} \times n\sqrt{b} = mn\sqrt{ab}$$

예를 들어 $3\sqrt{2} \times 4\sqrt{5} = (3 \times 4) \times \sqrt{2 \times 5} = 12\sqrt{10}$ 처럼 근호 안의 수끼리, 근호 밖의 수끼리 곱해 계산합니다. 또한 $a=0$, $b=0$일 때도 $\sqrt{a}\sqrt{b} = \sqrt{ab}$는 성립합니다.

일반적으로 $a>0$, $b>0$이고, m, n이 유리수일 때, 제곱근의 나눗셈은 다음과 같이 계산합니다.

$$① \ \sqrt{a} \div \sqrt{b} = \frac{\sqrt{a}}{\sqrt{b}} = \sqrt{\frac{a}{b}} \qquad ② \ m\sqrt{a} \div n\sqrt{b} = \frac{m}{n}\sqrt{\frac{a}{b}} \ (단, n \neq 0)$$

제곱근의 나눗셈은 분수로 바꾸어 계산하거나, $\sqrt{15} \div \frac{\sqrt{5}}{\sqrt{2}} = \sqrt{15} \times \frac{\sqrt{2}}{\sqrt{5}} = \sqrt{15 \times \frac{2}{5}} = \sqrt{6}$ 과 같이 역수의 곱셈으로 바꾸어 계산할 수도 있습니다.

근호 안에 어떤 수의 제곱이 있으면 $\sqrt{12}=\sqrt{2^2 \times 3}=\sqrt{2^2}\sqrt{3}=2\sqrt{3}$과 같이 이것을 근호 밖으로 꺼내어 간단히 할 수 있습니다. 또한 근호 밖의 양수는 $-2\sqrt{3}=\sqrt{2^2}\sqrt{3}=\sqrt{2^2 \times 3}=\sqrt{12}$와 같이 근호 안으로 넣을 수 있습니다. 즉 $\sqrt{a^2 b}=a\sqrt{b}$와 $\sqrt{\dfrac{a}{b^2}}=\dfrac{\sqrt{a}}{b}$ $(a>0,\ b>0)$이 성립합니다.

하지만 근호 밖의 음수는 근호 안으로 넣을 수 없으므로 $-2\sqrt{3}\neq$ $\sqrt{(-2)^2 \times 3}=\sqrt{12}$가 아닌 $-2\sqrt{3}=-\sqrt{2^2 \times 3}=-\sqrt{12}$로 계산합니다. 또한 $a\sqrt{b}$ 꼴로 나타낼 때는 일반적으로 근호 안의 수는 가장 작은 자연수가 되도록 합니다.

분모에 근호를 포함한 수가 있을 때, 분자의 분모에 같은 무리수를 곱해 분모를 유리수로 고칠 수 있습니다. 예를 들어 $\dfrac{1}{\sqrt{2}}$은 분모와 분자에 각각 $\sqrt{2}$를 곱해 $\dfrac{1}{\sqrt{2}}=\dfrac{1\times\sqrt{2}}{\sqrt{2}\times\sqrt{2}}=\dfrac{\sqrt{2}}{2}$와 같이 분모를 유리수로 만들 수 있습니다. 이처럼 분수의 분모가 근호를 포함한 무리수일 때, 분모와 분자에 0이 아닌 같은 수를 곱해 분모를 유리수로 고치는 것을 분모의 유리화라고 합니다.

일반적으로 $a>0,\ b>0$일 때 분모를 유리화하는 방법은 다음과 같습니다.

$$\frac{\sqrt{a}}{\sqrt{b}}=\frac{\sqrt{a}\times\sqrt{b}}{\sqrt{b}\times\sqrt{b}}=\frac{\sqrt{ab}}{b}$$

이런 식으로 분모를 무리수로 두지 않고 유리화하는 이유는 무엇일까요? $\dfrac{1}{\sqrt{2}}$처럼 분모에 무리수로 표현되어 있는 것보다 $\dfrac{\sqrt{2}}{2}$처럼 분모를 유리화하면 수의 값을 확인하는 데 더 편리하기 때문입니다. $\sqrt{2} = 1.414\cdots$ 일 때, $\dfrac{1}{\sqrt{2}} = \dfrac{1}{1.414\cdots}$ 은 그 값을 예상하기 어려운 반면 분모의 유리화를 하면 $\dfrac{\sqrt{2}}{2} = \dfrac{1.414\cdots}{2} = 0.707\cdots$ 으로 값을 알아낼 수 있습니다. 따라서 무리수의 값을 예측하고, 크기를 비교하거나 수직선에서 나타내기 편하도록 분모를 유리화합니다.

근호 안의 수를 소인수분해했을 때 제곱인 인수가 포함되어 있으면 $\sqrt{a^2 b} = a\sqrt{b}$ 로 제곱인 인수를 근호 밖으로 꺼낸 후 분모를 유리화합니다. 예를 들어 $\dfrac{6}{\sqrt{75}}$ 의 분모를 유리화할 때는 $\dfrac{6}{\sqrt{75}} = \dfrac{6}{5\sqrt{3}}$ 으로 정리합니다. 그리고 분자와 분모에 $5\sqrt{3}$ 을 곱하는 것보다 $\sqrt{3}$ 을 곱해 계산하는 것이 간단하므로 $\dfrac{6}{5\sqrt{3}} = \dfrac{6 \times \sqrt{3}}{5\sqrt{3} \times \sqrt{3}} = \dfrac{6\sqrt{3}}{15} = \dfrac{2\sqrt{3}}{5}$ 과 같이 분모를 유리화합니다. 마지막에는 반드시 분수가 약분이 되는지 확인하고 약분해 정리하도록 합니다.

5. 제곱근의 값

중학교 3학년 수학 교과서나 문제집의 책 맨 뒷장을 살펴보면, 부록으로 있는 제곱근표를 확인할 수 있습니다. 제곱근표는 1.00부터 9.99까지 수를 0.01 간격으로, 10.0부터 99.9까지의 수를 0.1 간격으로 나타낸 양의 제곱근 값을 나열해 놓은 표입니다.

제곱근표에서의 제곱근 값은 반올림해 소수점 아래 셋째 자리까지 나타낸 값이므로 유한소수가 아닙니다. 또한 제곱근표에 있는 제곱근의 값은 대부분 반올림한 값이지만 등호(=)를 사용해 나타냅니다.

처음 두 자리 수의 가로줄과 끝자리 수의 세로줄이 만나는 곳의 수를 읽는다.

예 제곱근표에서 $\sqrt{1.12}$ 의 값은 1.1의 가로줄과 2의 세로줄이 만나는 곳에 적힌 수인 1.058이다. 즉 $\sqrt{1.12} = 1.058$

수	0	1	2	⋯
1.0	1.000	1.005	1.010	⋯
1.1	1.049	1.054	1.058	⋯
⋮	⋮	⋮	⋮	⋮

제곱근 표를 이용하면 제곱근의 근삿값을 알 수 있기 때문에 실수의 대소비교에도 많이 이용됩니다. 예를 들어 $\sqrt{2} = 1.414$와 $\sqrt{5} = 2.236$이 주어지면, $\sqrt{2} + 0.5 = 1.914$ 또는 $\sqrt{5} - 0.1 = 2.136$과 같이 값을 계산해 $\sqrt{2} < \sqrt{2} + 0.5 < \sqrt{5} - 0.1 < \sqrt{5}$로 크기 비교를 할 수 있습니다.

또한 제곱근의 곱셈 $\sqrt{a^2 b} = a\sqrt{b}$와 나눗셈 $\sqrt{\dfrac{a}{b^2}} = \dfrac{\sqrt{a}}{b}$를 이용해 제곱근표에 실려 있지 않은 1보다 작은 양수나 100보다 큰 양수의 제곱근 값을 구할 수 있습니다. 예를 들어 $\sqrt{2} = 1.414$를 이용해 제곱근 안의 수를 변형하면 $\sqrt{200} = 10\sqrt{2} = 14.14$, $\sqrt{0.02} = \sqrt{\dfrac{2}{100}} = \dfrac{\sqrt{2}}{10} = \dfrac{1.414}{10} = 0.1414$, $\sqrt{0.5} = \sqrt{\dfrac{50}{100}} = \dfrac{5\sqrt{2}}{10} = \dfrac{\sqrt{2}}{2} = \dfrac{1.414}{2} = 0.707$ 등 다양한 제곱근의 값을 구할 수 있습니다.

6. 제곱근의 덧셈과 뺄셈

다항식의 계산 $2a+3a=(2+3)a=5a$에서 동류항끼리 모아서 계산한 것과 같이 근호를 포함한 식에서도 근호 안의 수가 같은 것끼리 동류항처럼 모아서 $2\sqrt{5}+3\sqrt{5}=(2+3)\sqrt{5}=5\sqrt{5}$로 계산합니다.

l, m, n은 유리수이고 $\sqrt{a}$는 무리수일 때

① $m\sqrt{a}+n\sqrt{a}=(m+n)\sqrt{a}$

② $m\sqrt{a}-n\sqrt{a}=(m-n)\sqrt{a}$

③ $m\sqrt{a}+n\sqrt{a}-l\sqrt{a}=(m+n-l)\sqrt{a}$

예 $4\sqrt{2}+2\sqrt{3}+3\sqrt{2}-5\sqrt{3}=(4+3)\sqrt{2}+(2-5)\sqrt{3}=7\sqrt{2}-3\sqrt{3}$

제곱근의 덧셈과 뺄셈을 할 때, 근호 안의 수가 다른 무리수끼리는 더 이상 계산할 수 없으므로 ① $\sqrt{2}+\sqrt{3}\neq\sqrt{5}$, ② $\sqrt{5}-\sqrt{3}\neq\sqrt{2}$, ③ $\sqrt{2^2+3^2}\neq 2+3$, ④ $2+3\sqrt{2}\neq 5\sqrt{2}$, ⑤ $5\sqrt{2}-3\sqrt{2}\neq 2$임을 주의해 계산합니다.

근호를 포함한 복잡한 식을 계산할 때는 ① 괄호가 있으면 분배법칙 $a(b+c)=ab+ac$를 이용해 먼저 괄호를 풉니다. ② $\sqrt{a^2b}=a\sqrt{b}$를 이용해 근호 안의 제곱인 수를 근호 밖으로 꺼냅니다. ③ 분모에 근호를 포함한 무리수가 있으면 분모를 유리화합니다. ④ 곱셈과 나눗셈을 먼저 계산합니다. ⑤ 근호 안의 수가 같은 것끼리 모아서 덧셈과 뺄셈을 합니다.

7. 실수의 대소 관계

실수를 수직선 위에 나타내면 0을 기준으로 오른쪽에 있는 수는 양의 실수, 왼쪽에 있는 수는 음의 실수라고 합니다. 양의 실수와 음의 실수를 간단히 양수와 음수라고 합니다.

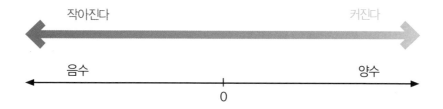

양수는 0보다 크고 음수는 0보다 작습니다. 따라서 (음수) < 0 < (양수)입니다. 또한 양수끼리는 절댓값이 큰 수가 크고, 음수끼리는 절댓값이 큰 수가 작습니다. 수직선에서 오른쪽으로 갈수록 수는 커지고 왼쪽으로 갈수록 수는 작아집니다. 실수를 수직선 위에 대응시키고, 수직선의 성질을 이용해 실수의 대소 관계를 알 수 있습니다.

두 수의 차를 이용하면 수직선을 이용하지 않고도 실수의 대소 관계를 파악할 수 있습니다.

① 두 실수 a, b의 대소 관계는 a−b의 부호를 조사한다.

- $a-b > 0$이면 $a > b$

- $a-b = 0$이면 $a = b$

- $a-b < 0$이면 $a < b$

수직선이나 두 수의 차를 이용해 모든 실수의 대소 관계를 비교할 수 있음을 배웠습니다. 고등학교 1학년 과정에서 수의 범위를 더 큰 범위 (복소수)로 확장하면, 수직선에 표현하는 것과 대소비교하는 것이 불가능해지기 때문에 실수 내에서 크기를 비교하는 것은 중요한 의미를 갖습니다.

처음 자연수를 배우고 그 연산하는 방법을 배웠듯이 제곱근의 연산은 이후로 고등 과정까지 자연스럽게 수의 일부로 이용될 것입니다. 중학교 3학년 첫 단원에서 제곱근을 완벽하게 하지 않고 넘어간다면 계속해서 걸림돌이 되기 때문에 부족한 부분이 있다면 조급해하지 말고 충분히 학습할 필요가 있습니다.

이로써 중학교 3년 동안 정수부터 유리수와 무리수를 포함한 실수의 수 체계를 순차적으로 정리하고, 고등학교 1학년 과정에서 허수를 포함한 복소수로의 확장을 준비합니다.

- 어떤 수 x를 제곱해 $a(a≥0)$가 될 때, 즉 $x^2=a$일 때, x를 a의 제곱근이라고 합니다.
- 순환소수가 아닌 무한소수를 무리수라고 하고, 유리수와 무리수를 통틀어 실수라고 합니다.
- 제곱근의 연산을 이용해 식을 간단히 하고, 제곱근표에 없는 제곱근의 값을 구할 수 있습니다.
- 수직선은 모든 실수를 나타내는 직선이고, 서로 다른 두 실수 사이에는 무수히 많은 실수가 있습니다.
- 수직선이나 두 수의 차를 이용해 둘 이상 실수의 대소를 비교할 수 있습니다.

PART 2

문자와 식

문자가 사용된 식의 표현 발달

무슨 의미냐면요

* * *

수에 대한 사칙연산을 문자($x, y, \cdots$)를 사용한 다항식으로 확장해 적용합니다. 또한 초등 과정에서 □을 사용해 식을 세웠다면, 중등 과정에서는 문자를 사용해 좌변과 우변 사이의 관계를 식으로 나타냅니다. 이 과정에서 등호(=)와 부등호(>)의 사용으로 방정식과 부등식을 구분합니다. 앞으로 문자를 사용한 방정식과 부등식은 여러 가지 문제를 해결하는 데 중요한 도구로 이용됩니다.

좀 더 설명하면 이렇습니다

...

문자는 수량 관계를 간단하고 명확하게 표현해 주는 수학적 언어입니다. 수 대신 문자를 사용해 수식으로 나타내고 일반화하는 것은 수학의 한 분야인 대수학(Algebra)이라고 하고, 본격적인 학문의 시작이라고 볼 수 있습니다.

중등 과정에서는 문자를 사용한 다항식의 계산부터 일차방정식과 일차부등식, 연립일차방정식, 이차방정식까지 학습하게 됩니다. 이는 고등 과정에서 수의 범위가 복소수까지 확장되어 여러 가지 형태의 방정식과 부등식을 학습하는 기초가 됩니다. 또한 방정식은 함수의 식으로 표현하면 두 문자 사이의 관계를 그래프로 나타낼 수 있습니다.

중학교에서 문자를 사용하며 일차식부터 이차방정식까지 확장합니다.

1. 일차식: $ax+b$

초등 과정에서 □을 사용해 $4 \times □ + 2$라는 식을 세웠다면, □을 문자 x로 바꾸어 $4x+2$으로 표현할 수 있습니다. 이런 식으로 미지수 x 또는 y를 사용해 식을 세울 때, 문자의 차수(문자가 곱해진 개수)가 1인 식을 일차식이라고 합니다. 예를 들어 $3x^2 = 3 \times x \times x$은 문자의 차수가 2이므로 이차식이 됩니다.

2. 일차방정식: $ax+b=0$

등식은 등호(=)를 사용해 등호의 왼쪽 부분인 '좌변'과 오른쪽 부분인 '우변'이 서로 같음을 나타낸 모든 식이며, 방정식과 항등식으로 구분됩니다. 방정식은 $2x+4=0$처럼 문자 x의 값에 따라 참이 되기도 하고 거짓이 되기도 하는 등식으로, 식이 참이 되도록 하는 방정식의 해 $x=-2$를 구할 수 있습니다. 항등식은 미지수 x에 어떤 값을 넣어도 항상 성립하는 등식으로, $2+1=3, x+x=2x$와 같이 식을 정리하면 양변이 결국 똑같아지므로 항등식의 해는 모든 수가 됩니다.

방정식에서 우변의 모든 항을 좌변으로 이항해 우변을 0으로 만들었을 때, (일차식)=0 꼴이 되면 일차방정식이라고 합니다. 항등식은 우변을 0으로 만들면 좌변도 0이 되어, 0=0 꼴이 됩니다. 이 방법을 이용하면 등식을 방정식과 항등식으로 쉽게 구분할 수 있습니다.

다양한 실생활 문제에서 주어진 수들 사이의 관계를 방정식으로 나타내면, 일차방정식을 활용해 문제를 해결할 수 있습니다.

3. 일차부등식: $ax+b<0$

부등호($<, \leq, >, \geq$)를 사용해 수와 식의 대소 관계를 나타낸 것을 부등식이라고 합니다. 부등식도 방정식과 마찬가지로 우변의 모든 항을 좌변으로 이항해 우변을 0으로 만들었을 때, (일차식)<0, (일차식)≤0, (일차식)>0, (일차식)≥0의 꼴이 되면 일차부등식이라고 합니다. 식이 참이 되도록 하는 일차부등식의 해는 수직선을 이용해 구하고, 일반적으로

$x < (수), x \leq (수), x > (수), x \geq (수)$와 같이 수의 범위로 나옵니다.

4. 연립일차방정식: $\begin{cases} ax+by=c \\ a'x+b'y=c' \end{cases}$

일차방정식은 미지수의 차수가 1인 방정식으로 미지수가 1개이면 $ax+b=0$이고, 미지수가 2개이면 $ax+by+c=0$ 형태로 나타낼 수 있습니다. 그리고 일차방정식의 미지수가 1개이면 해는 오직 하나이지만, 미지수가 2개일 때의 해는 무수히 많을 수 있습니다.

$\begin{cases} ax+by=c \\ a'x+b'y=c' \end{cases}$처럼 2개 이상의 일차방정식을 묶어 나타낸 것을 연립일차방정식이라고 합니다. 연립일차방정식을 푸는 것은 두 일차방정식을 동시에 만족시키는 해 (x, y) 한 쌍을 구하는 것입니다.

일반적으로 연립일차방정식에서 찾으려는 미지수가 x, y로 2개이면 2개 이상의 방정식을 연립해야 하고, 미지수가 x, y, z로 3개이면 3개 이상의 방정식을 연립해야 오직 한 쌍의 해를 찾을 수 있습니다.

5. 이차방정식: $ax^2+bx+c=0$

방정식에서 우변의 모든 항을 좌변으로 이항해 우변을 0으로 만들었을 때, '(이차식)=0' 꼴이 되면 이차방정식이라고 합니다. 이차방정식을 참이 되게 하는 x의 값을 이차방정식의 해(근)라고 하고, 특별한 조건이 없으면 x의 값의 범위는 실수 전체로 생각합니다. 이 단원에서는 이차방정식의 해를 구하는 다양한 방법을 학습하게 됩니다. 이차방정식의 해는 2개, 1개 또는 없을 수 있습니다. 고등 과정에서는 이차방정식의 x의 값의 범위를 실수에서 허수를 포함한 복소수 범위까지 확장해, 실수 범위에서 구할 수 없었던 해도 복소수로 구할 수 있게 됩니다.

우리가 알아야 할 것

- 수 대신 문자를 사용해 일반화하고, 식을 간결하게 나타낼 수 있습니다.
- 방정식과 부등식을 이용해 양변 사이의 관계를 표현하고, 이를 만족시키는 해를 구할 수 있습니다.
- 중학교 2학년에서 유리수까지 배우면 방정식과 부등식의 해를 유리수 내에서 정의하고, 중학교 3학년에서 실수까지 확장되면 이차방정식의 해를 무리수를 포함해 실수 전체 범위로 구할 수 있습니다.
- 고등 과정에서는 허수를 포함한 복소수 범위까지 모든 방정식의 해를 구할 수 있습니다.

문자의 사용과 식의 계산

무슨 의미냐면요

· · ·

문자를 사용하면 수량 사이의 관계를 간단하게 나타내고 일반화할 수 있습니다. 이를 위해서 문자가 사용된 식을 계산하는 다양한 방법을 학습해야 합니다.

좀 더 설명하면 이렇습니다

· · ·

한 상자에 8개씩 들어있는 빵을 사려고 합니다. 구매하는 상자의 개수에 따라 빵의 개수는 $8 \times 1, 8 \times 2, 8 \times 3, \cdots$와 같이 구할 수 있습니다. 초등 과정에서는 상자의 개수를 □으로 사용해 빵의 개수 식을 $8 \times \square$으로 구했습니다. 중학 과정부터는 □ 대신 미지수 x를 사용해 $8 \times x$로 표현해 일반화합니다.

이처럼 도형 대신 문자를 사용하면 수량 사이의 관계를 명확하고 간단하게 다양한 식으로 표현할 수 있고 상황에 따라 수량을 구하는 데 편리합니다. 이때 수량을 나타내는 문자는 보통 a, b, c, x, y, z 등을 사용합니다.

1. 문자의 사용과 식의 값

문자를 사용한 식에서는 식을 간단하고 명확하게 나타내기 위한 하나의 약속으로 곱셈 기호 $\times$와 나눗셈 기호 $\div$를 생략해 $8 \times x = 8x$와 같이 나타냅니다.

곱셈 기호 $\times$는 다음과 같은 방법으로 표현합니다.

① (수)×(문자): 곱셈 기호 ×를 생략하고 <u>수를 문자 앞에 쓴다.</u>

> [예] $5 \times x = x \times 5 = 5x$, $(-3) \times y = y \times (-3) = -3y$

② 1×(문자) 또는 (-1)×(문자): 곱셈 기호 ×와 <u>1을 생략</u>한다.

> [예] $1 \times a = a \times 1 = a$, $(-1) \times a = a \times (-1) = -a$

③ (문자)×(문자): 곱셈 기호 ×를 생략하고 <u>알파벳 순서로 쓴다.</u>

> [예] $x \times a \times y = axy$

④ 같은 문자의 곱: 곱셈 기호 ×를 생략하고 <u>거듭제곱으로 나타낸다.</u>

> [예] $x \times x \times x = x^3$, $a \times b \times a = a^2 b$

⑤ 괄호가 있는 식과 수의 곱: 곱셈 기호 ×를 생략하고 수를 괄호 앞에 쓴다.

> **예** $(a+b)×4=4(a+b)$

이때 $2×3$에서 곱셈 기호를 생략하면 23이 되어 다른 수로 표현되기 때문에 수와 수의 곱에서는 곱셈 기호를 생략할 수 없습니다. 그리고 $0.1×a=0.1a$에서 소수와 문자의 곱에서는 1을 생략해 $0.a$으로 표현하지 않습니다. 또한 소수는 분수로 고칠 수 있으므로 $0.1a$은 $\dfrac{1}{10}a$ 또는 $\dfrac{a}{10}$와 같이 나타낼 수 있습니다.

나눗셈 기호 ÷는 생략하고 분수 꼴로 나타낼 수 있습니다.

$$a÷b=a×\dfrac{1}{b}=\dfrac{a}{b} \text{(단, } b\text{는 0이 아니다.)}$$

예를 들어 $x÷5$은 나눗셈 기호를 생략해 $\dfrac{x}{5}$ 또는 $x×\dfrac{1}{5}=\dfrac{1}{5}x$라는 2가지 방법으로 나타낼 수 있습니다. 또한 $x÷(-5)=\dfrac{x}{-5}$에서 분모에 있는 $-$는 $-\dfrac{x}{5}$처럼 분수 앞으로 꺼내거나 $\dfrac{-x}{5}$처럼 분자로 올려 쓸 수 있습니다.

한 변의 길이가 $a$cm인 정사각형 둘레의 길이는 $4a$cm입니다. 이때 한 변의 길이가 5cm인 정사각형 둘레의 길이는 $4×5=20$(cm)입니다. 여기에서 문자를 사용한 식 $4a$에서 문자 a 대신 수 5를 넣는 것을 "문자에 수를 대입한다."라고 합니다. 또 문자에 수를 대입해 계산한 결과 20을 식의 값이라고 합니다.

식의 값을 구할 때는 ① 주어진 식에서 생략된 곱셈 기호를 다시 쓰고, ② 문자에 주어진 수를 대입해 계산합니다. 예를 들어 $x=-2$일 때, 식 $3x+5$의 값은 $3 \times x+5=3 \times(-2)+5=-1$으로 음수를 대입할 때는 반드시 괄호를 사용해야 합니다.

2. 일차식과 수의 곱셈, 나눗셈

먼저 식에 대한 여러 가지 용어를 정리하고 일차식의 연산을 차례로 살펴봅시다.

$4x-\dfrac{2}{3}y-5$에서 ① $4x$, $-\dfrac{2}{3}y$, -5처럼 수 또는 문자의 곱으로 이루어진 식을 항이라고 합니다. 이 중에서 ② -5와 같이 문자 없이 수로만 이루어진 항을 상수항이라고 합니다. ③ 문자 앞에 곱해진 수를 계수라고 하며, x의 계수는 4이고, y의 계수는 $-\dfrac{2}{3}$입니다.

항 또는 계수를 구할 때 덧셈 기호 +가 없는 식에서 $4x+\left(-\dfrac{2}{3}y\right)+(-5)$ 괄호를 사용해 나타내면 부호 실수를 줄일 수 있습니다. 그리고 $-2x$처럼 상수항이 없을 때는 상수항이 0인 것으로 생각합니다.

$4x-\dfrac{2}{3}y-5$와 $-2x$처럼 ④ 1개의 항 또는 2개 이상의 항의 합으로 이루어진 식을 다항식이라고 하고, ⑤ 1개의 항으로만 이루어진 다항식을 단항식이라고 합니다. 즉 단항식은 다항식에 포함되므로 $-2x$은 단항식이면서 다항식입니다.

⑥ 차수는 어떤 항에서 곱해진 문자의 개수로, $2x^3$의 차수는 3, $5x$의 차수는 1입니다. 상수항은 곱해진 문자가 없으므로 상수항의 차수는 0입

니다. ⑦ 다항식의 차수는 차수가 가장 큰 항의 차수로 결정됩니다. 예를 들어 $-3x^2+2x-1$에서 차수가 가장 큰 항은 $-3x^2$이고, 그 차수는 2이므로 $-3x^2+2x-1$의 차수는 2입니다.

그러면 ⑧ 일차식은 $4x-\dfrac{2}{3}y-5$와 $-3x$처럼 차수가 1인 다항식입니다. $0 \times x + 2$은 일차식 같지만 x의 계수가 0이면 일차항이 아니므로 일차식이 아닙니다. 또한 $\dfrac{1}{x}$와 같이 분모에 문자가 있는 식은 다항식이 아니므로 일차식이 될 수 없음을 주의합니다.

$\boxed{1}$ $-2(3x+1)=(-2)\times 3x+(-2)\times 1=-6x-2$

$\boxed{2}$ $(-4x+6)\div 2=(-4x+6)\times \dfrac{1}{2}=(-4x)\times \dfrac{1}{2}+6\times \dfrac{1}{2}=-2x+3$

역수를 곱한다.

$\boxed{1}$ 처럼 일차식과 수를 곱할 때는 분배법칙을 이용해 일차식의 각 항에 수를 곱하고, $\boxed{2}$ 처럼 일차식을 수로 나눌 때는 나눗셈을 곱셈으로 고쳐서 계산합니다. 분배법칙을 이용해 일차식과 수의 곱셈을 할 때 $-2(3x+1)\neq -6x+1$와 같이 일차식 일부에만 수를 곱하거나, $-2(3x-2)\neq -6x-4$처럼 부호 계산을 실수하지 않도록 주의합니다.

3. 일차식의 덧셈과 뺄셈

다항식에서 $3x$와 $-2x$, $4x^2$와 $-x^2$처럼 문자와 차수가 모두 같은 항을 동류항이라고 하고, $3x-2x=(3-2)x=x$와 같이 동류항끼리는 분배법칙을 이용해 덧셈과 뺄셈을 할 수 있습니다.

여기에서 $3x$와 $4x^2$은 문자는 같으나 차수가 다르므로 동류항이 아니고, $-x^2$와 $3y^2$은 차수는 같지만 문자가 다르기 때문에 동류항이 아닙니다. 특히 동류항을 구별할 때 문자의 계수는 상관이 없고 문자를 포함하지 않는 상수항끼리는 모두 동류항입니다. 동류항끼리 계산할 때, $3x-2x \neq 1$ 또는 $3x-2 \neq x$, $3x-2x \neq x^2$임에 주의합니다.

일차식의 덧셈과 뺄셈도 동류항의 계산을 이용해 식을 간단히 하고, 괄호가 있는 경우에는 먼저 분배법칙을 이용해 괄호를 풀고 동류항끼리 모아 계산합니다.

$$
\begin{aligned}
(3x-7)-(x-4) &= 3x-7-x+4 \\
&= (3-1)x+(-7+4) \\
&= 2x-3
\end{aligned}
$$

- 수량 사이의 관계를 곱셈 기호와 나눗셈 기호를 생략해 문자를 사용한 식으로 간단히 나타낼 수 있습니다.
- 문자에 수를 대입해 식의 값을 구할 때는 괄호를 사용합니다.
- 일차식은 일차항과 상수항으로 이루어진 $ax+b\,(a\neq0)$ 꼴의 다항식입니다.
- 일차식과 수의 나눗셈은 곱셈으로 바꾸고, 일차식과 수의 곱셈은 분배법칙을 이용해 일차식의 각 항에 수를 곱해 계산합니다.
- 일차식의 덧셈과 뺄셈은 동류항끼리 모아 분배법칙을 이용해 계산합니다.

중1-1

일차방정식

무슨 의미냐면요

...

일차방정식은 등식의 성질을 이용해 등호(=)의 오른쪽의 변을 0으로 만들었을 때 왼쪽의 변이 일차식이 되는 $ax+b=0\,(a \neq 0)$ 꼴의 등식입니다. 일차방정식을 이용해 다양한 실생활의 문제를 해결할 수 있습니다.

좀 더 설명하면 이렇습니다

...

1. 등식과 방정식

등호(=)의 왼쪽 부분인 '좌변'과 오른쪽 부분인 '우변', 즉 등호의 양쪽 부분인 '양변'이 같음을 등호(=)를 사용해 나타낸 모든 식을 등식이라고 합니다. 예를 들어 $2x+4=0$, $2x+x=3x$, $2=0$, $5=4+1$ 등과 같이 수나 식의 참, 거짓에 관계 없이 등호를 사용해 나타낸 식은 모두 등식입니다.

등식은 크게 방정식과 항등식으로 구분할 수 있습니다. $2x+4=0$에서 $x=-2$이면 참이 되지만 $x=1$을 대입하면 거짓이 되는 것처럼, 미지수의 값에 따라 참이 되기도 하고 거짓이 되기도 하는 등식을 방정식이라고 합니다. 이때 $x=-2$처럼 방정식이 참이 되도록 하는 미지수의 값을 방정식의 해 또는 근이라고 합니다.

항등식은 미지수에 어떠한 값을 대입해도 항상 참이 되는 등식입니다. $2+1=3$, $x+x=2x$와 같이 식을 정리하면 양변이 결국 똑같아지므로 항등식의 해는 모든 실수입니다. 따라서 어떤 특정한 값을 대입했을 때 등식이 성립하지 않으면 항등식이 아닙니다.

양팔저울에서 저울의 양쪽 접시의 무게가 같으면 저울이 기울지 않고 평형을 이루고 있는 것과 같이, 등식에서도 등호(=)는 양변의 크기가 서로 같음을 의미합니다. 양팔저울에 같은 무게를 더하거나 빼어도 평형이 유지되는 것처럼, 등식에서도 양변에 같은 수를 더하거나 빼거나 곱하고, 특히 0이 아닌 수로 나누어도 등식은 성립합니다. 따라서 등식의 성질을 다음과 같이 정리할 수 있습니다.

① 등식의 양변에 같은 수를 더해도 등식은 성립한다.
➡ $a=b$이면 $a+c=b+c$

② 등식의 양변에서 <u>같은 수를 빼도</u> 등식은 성립한다.

➡ $a=b$ 이면 $a-c=b-c$

③ 등식의 양변에 <u>같은 수를 곱해도</u> 등식은 성립한다.

➡ $a=b$ 이면 $ac=bc$

④ 등식의 양변을 <u>0이 아닌 같은 수로 나누어도</u> 등식은 성립한다.

➡ $a=b$ 이면 $\dfrac{a}{c}=\dfrac{b}{c}$ (단, $c\neq0$)

등식의 성질 중 양변에서 c를 빼는 것은 양변에 $-c$를 더하는 것과 같고, 양변을 c로 나누는 것은 양변에 $\dfrac{1}{c}$을 곱하는 것과 같습니다. 여기에서 $a=b$이면 $ac=bc$이지만, 반대로 $ac=bc$이라고 해서 반드시 $a=b$인 것은 아닙니다. $c=0$일 경우 $a\times0=b\times0$이므로 $a\neq b$일 수 있습니다. 단, $c\neq0$이라는 조건이 있으면 $ac=bc$이면 $a=b$입니다. 따라서 등식의 양변을 수로 나눌 때는 반드시 0이 아닌 수로 나누어야 함을 주의합시다.

2. 일차방정식의 풀이

방정식 $x-3=5$의 양변에 3을 더하면 $x-3+3=5+3$으로 $x=5+3$와 같아집니다. 방정식의 좌변에 있던 -3이 우변으로 옮겨지며 $+3$이 되는데, 등식의 성질을 이용해 등식의 한 변에 있는 항을 그 항의 부호를 바꾸어 다른 변으로 옮기는 것을 이항이라고 합니다.

방정식 $3x+4=x-2$에서 우변에 있는 항 x와 -2를 좌변으로 이항해 동류항끼리 정리하면 $2x+6=0$이 됩니다. 이처럼 방정식의 우변의 모든 항을 좌변으로 이항해 우변을 0으로 정리한 식의 좌변이 일차식이 되고, $ax+b=0\,(a\neq0)$ 꼴로 나타나는 방정식을 일차방정식이라고 합니다.

특히 등식에서 우변의 모든 항을 좌변으로 이항해 우변을 0으로 만들어 동류항끼리 정리했을 때 좌변도 0이 되어, $0=0$ 꼴이 되면 미지수에 어떤 값을 대입해도 항상 참이 되는 항등식입니다.

일차방정식의 해를 구할 때는 ① 일차항은 좌변으로, 상수항은 우변으로 이항하고 ② $ax=b\,(a\neq0)$ 꼴로 정리한 다음, ③ 양변을 x의 계수로 나누어 $x=$(수)의 꼴로 나타냅니다. 그리고 ④ 구한 해가 일차방정식을 참이 되게 하는지 확인합니다.

예를 들어 일차방정식 $3x+4=x-2$를 풀어 봅시다. 방정식 $3x+4=x-2$에서 x와 $+4$를 이항하면 $3x-x=-2-4$입니다. 좌변의 x항과 우변의 상수항을 각각 정리하면 $2x=-6$이고, 양변을 2로 나누면 $x=-3$입니다. 이를 주어진 식에 대입하면 참이 되므로 일차방정식 $3x+4=x-2$의 해는 -3입니다.

일반적으로 일차방정식을 풀 때 $ax=b\,(a\neq0)$ 꼴로 정리하지만 $x+5=4x-3$의 경우, 일차항을 우변으로 이항하면 $8=3x$로 x의 계수가 양수가 되어 더 편리합니다. 따라서 일차방정식의 풀이 방법을 익힌 후에는 문제에 따라 풀이 방법을 선택해 푸는 것이 좋습니다.

일차방정식의 계수가 소수 또는 분수라면 계산 실수가 자주 발생하기 때문에 반드시 계수를 정수로 바꾸어 풀고, 괄호가 있다면 분배법칙을 이용해 괄호를 푼 다음 이항을 하도록 합니다. 양변에 적당한 수를 곱해 계수를 정수로 고칠 때 반드시 양변 모든 항에 곱해 주며, 상수항이나 계수가 정수인 항에도 수를 곱해야 합니다.

예를 들어 계수가 정수가 아니고 괄호가 함께 있는 방정식 $0.6(2x-0.1)=0.08x+0.1$의 양변에 100을 곱해 계수를 정수로 고칠 때, 좌변의 0.6, $2x$, -0.1에 각각 100을 곱해 $60(200x-10)=8x+10$으로 계산하지 않도록 주의합니다. 좌변에는 0.6은 $(2x-0.1)$와 곱으로 이루어져 있으므로 하나의 항으로 생각해 0.6에 한 번만 곱해 분배하도록 합니다. 즉 $60(2x-0.1)=8x+10$으로 계산해야 합니다.

방정식 $ax=b$에서 $a \neq 0$인 경우는 일차방정식이므로 해가 1개 존재합니다. 하지만 $a=0$인 경우에는 $0 \times a=b$의 형태가 되어 특수한 해를 갖게 됩니다. ① $a=0$, $b \neq 0$이면 좌변은 0이고 우변은 0이 아니므로 해가 없습니다. ② $a=0$, $b=0$이면 양변이 모두 0이 되어 항등식이므로 해가 무수히 많습니다.

또한 방정식 $ax+b=cx+d$, 즉 $(a-c)x=d-b$에서 $a \neq c$이면 일차방정식이 되어 해가 1개 존재합니다. 마찬가지로 $a=c$의 경우 일차항의 계수가 0이 되므로 ① $a=c$, $b \neq d$이면 해가 없고, ② $a=c$, $b=d$이면 해가 무수히 많은 항등식이 됩니다.

특히 문제에서 "모든 x에 대해 등식이 성립한다." "x의 값에 상관없이 등식이 성립한다." "x의 값에 어떠한 값을 대입해도 등식이 성립한다." 등의 표현이 있으면 'x에 대한 항등식'으로 이해하고 문제를 해결할 수 있습니다.

3. 일차방정식의 활용

다양한 실생활 문제에서도 구하려는 수량을 먼저 찾고, 그 수량들 사이의 관계를 방정식으로 나타내면 일차방정식을 활용해 문제를 해결할 수 있습니다. 일차방정식의 활용 문제에서는 다음과 같은 순서로 풀도록 합니다.

① 문제의 뜻을 파악하고, 일반적으로 구하려는 값을 미지수 x로 놓는다.

② 문제의 뜻에 맞게 x에 대한 일차방정식을 세운다.

③ 일차방정식을 풀어 해를 구한다.

④ 구한 해가 문제의 뜻에 맞는지 확인한다.

(문제의 답을 구할 때는 반드시 단위를 함께 쓰는 것이 좋다.)

일차방정식에서 자주 활용되는 문제에 대한 접근방법은 기억해 둡시다.

(1) 연속하는 수에 대한 문제

문제 연속하는 세 홀수 중 가장 작은 수의 3배는 다른 두 수의 합보다 1만큼 작을 때, 가장 큰 수를 구하시오.

접근하기 문제에 따라 연속하는 수를 다음과 같이 미지수로 놓습니다.

연속하는 두 정수 $x, x+1$ 　　　　 연속하는 두 홀수(짝수) $x, x+2$

연속하는 세 정수 $x-1, x, x+1$ 　　　 연속하는 세 홀수(짝수) $x-2, x, x+2$

풀이 연속하는 세 홀수를 $x-2, x, x+2$라고 하면

$3(x-2)=x+(x+2)-1$

$3x-6=2x+1$ $\qquad \qquad \therefore x=7$

따라서 세 홀 수 중 가장 큰 수는 $7+2=9$.

(2) 자리의 숫자에 대한 문제

문제 일의 자리 숫자가 6인 두 자리 자연수가 있다. 이 자연수 십의 자리 숫자와 일의 자리 숫자를 바꾼 수는 처음 수보다 18만큼 작다고 할 때, 처음 수를 구하시오.

접근하기 십의 자리 숫자가 a, 일의 자리 숫자가 b인 두 자리 자연수 는 $10a+b$입니다. 이 자연수의 십의 자리와 일의 자리 숫자를 바꾼 수는 $10b+a$입니다.

풀이 처음 수의 십의 자리 숫자를 x라고 하면

처음 수는 $10x+6$

십의 자리 숫자와 일의 자리 숫자를 바꾼 수는 $60+x$

바꾼 수는 처음 수보다 18만큼 작으므로

$60+x=(10x+6)-18$

$-9x=-72$ $\qquad \qquad \therefore x=8$

따라서 처음 수는 $80+6=86$.

(3) 나이에 대한 문제

문제 현재 지수의 이모 나이는 지수 나이의 3배이다. 9년 후 이모의
나이가 지수의 나이의 2배가 된다고 할 때, 현재 지수의 나이를 구하시오.

접근하기 (a년 전의 나이)=(현재 나이)$-a$

(a년 후의 나이)=(현재 나이)$+a$

풀이 현재 지수의 나이를 x세라 하면 이모의 나이는 $3x$세.

9년 후 이모의 나이가 지수의 나이의 2배가 되므로

$3x+9=2(x+9)$, $3x+9=2x+18$ $\qquad\qquad \therefore x=9$

따라서 현재 지수의 나이는 9세.

(4) 과부족에 대한 문제

문제 지우네 반 학생들이 운동장에서 야영을 하려고 텐트를 설치했
다. 한 텐트에 4명씩 자면 4명이 잘 곳이 없고, 한 텐트에 5명씩 자면 남는
텐트가 없고 마지막 텐트에는 3명이 자게 된다. 텐트의 수와 지우네 반 학
생 수를 구하시오.

접근하기 물건을 나누어 주는 방법에 관계 없이 물건의 전체 수는 일
정함을 이용합니다. 문제에서 사람들에게 물건을 나누어 줄 때는 사람 수
를 x로 놓고 물건의 수를 식으로 나타냅니다. 그리고 사람이 긴 의자에 앉
거나 텐트에서 잘 때는 긴 의자 또는 텐트의 수를 x로 놓고, 사람의 수를
식으로 나타냅니다. 이처럼 문제에 따라 큰 묶음의 수를 x로 두고 그 안에
작은 단위가 일정함을 이용해 식을 세우도록 합니다.

풀이 텐트의 수를 x라 하고 지우네 반 학생 수로 식을 세우면

$4x+4=5(x-1)+3$

$4x+4=5x-5+3,\ -x=-6$ $\therefore x=6$

따라서 텐트의 수는 6이고,

지우네 반 학생 수는 $4\times6+4=28$.

(5) 일에 대한 문제

문제 어떤 일을 완성하는 데 수호가 혼자서 하면 12일이 걸리고, 선우가 혼자서 하면 18일이 걸린다고 한다. 수호가 4일 동안 한 후, 선우가 나머지를 해서 완성했다면 선우는 며칠 동안 일했는지 구하시오.

접근하기 전체 일의 양을 1로 놓고

(하루에 하는 일의 양)$=\dfrac{1}{(일한 날의 수)}$ 임을 이용합니다.

풀이 수호와 선우가 하루 동안 할 수 있는 양은 각각 $\dfrac{1}{12},\ \dfrac{1}{18}$.

선우가 x일 동안 일했다고 하고 일의 양으로 식을 세우면

$\dfrac{1}{12}\times4+\dfrac{1}{18}x=1,\ \dfrac{1}{18}x=\dfrac{2}{3}$ $\therefore x=12$

따라서 선우가 일한 시간은 12일.

(6) 거리, 속력, 시간에 대한 문제

문제 두 지점 A와 B 사이를 왕복하는데, 갈 때는 시속 4km로 걷고 올 때는 시속 2km로 걸어서 총 6시간이 걸렸다. 두 지점 A와 B 사이의 거리를 구하시오.

접근하기 다음 관계를 이용해 방정식을 세웁니다.

풀이 두 지점 A와 B 사이의 거리를 $x$km라 하고 시간으로 식을 세우면

$$\frac{x}{4} + \frac{x}{2} = 6,\; x + 2x = 24,\; 3x = 24 \qquad\qquad \therefore x = 8$$

따라서 두 지점 A와 B 사이의 거리는 8km.

(7) 농도에 대한 문제

문제 10%의 소금물 300g이 있다. 이 소금물에서 몇 g의 물을 증발시키면 12%의 소금물이 되는지 구하시오.

접근하기 다음 관계를 이용해 방정식을 세웁니다.

$$\text{소금물의 농도} = \frac{\text{소금의 양}}{\text{소금물의 양}} \times 100(\%)$$

$$\text{소금의 양} = \frac{\text{소금물의 농도}}{100} \times \text{소금물의 양}$$

농도에 관한 문제를 풀 때는 소금의 양변화로 방정식을 세우도록 합니다. 소금물에 물을 더 넣거나 증발시키면 농도는 변하지만 소금의 양은 일정함을 이용합니다.

풀이 증발시킨 물의 양을 xg이라 하고 소금의 양으로 식을 세우면

$$\frac{10}{100} \times 300 = \frac{12}{100} \times (300 - x)$$

$3000 = 3600 - 12x, \ 12x = 600 \qquad\qquad \therefore x = 50$

따라서 증발시킬 물의 양은 50g.

(8) 원가와 정가에 대한 문제

문제 원가가 20000원인 상품이 있다. 원가에 x%의 이익을 붙여서 정가를 정했다가 다시 정가에서 20% 할인해 팔았더니 1개를 팔 때마다 800원의 이익이 생겼다. 이때 x의 값을 구하시오.

접근하기 원가, 정가, 판매가격, 이익에 대한 다음 관계식을 이용합니다.

정가＝원가＋이익

판매 가격＝정가－할인금액

이익＝판매 가격－원가

예를 들어 원가, 정가, 판매 가격, 이익에 대한 의미를 이해해 봅시다.

문구점 사장님이 200원짜리 지우개를 사 와서 500원에 팔기로 가격을 정했습니다.

➡ 원가 200원, 정가 500원

지우개가 팔리지 않아 10% 할인해 팔기로 했습니다.

➡ 할인금액 $500 \times \dfrac{10}{100} = 50$원, 판매 가격 $500 - 50 = 450$원

문구점 사장님의 이익은 얼마일까요?

➡ 이익=판매 가격-원가 $= 450 - 200 = 250$원

원가는 문구점 사장님이 들여온 원래의 가격이고, 정가는 처음 팔기로 정한 가격이라고 이해할 수 있습니다. 할인 등과 같은 이유로 실제로 판매한 가격과 정가는 다를 수 있습니다. 실제 이익은 판매 가격에서 원가를 뺀 것으로 계산합니다.

풀이 정가는 $20000 + 20000 \times \dfrac{x}{100} = 200x + 20000$(원)

판매 가격은 $(200x + 20000) - (200x + 20000) \times \dfrac{20}{100}$

$= 160x + 16000$(원)

이익이 800원이므로

$(160x + 16000) - 20000 = 800,\ 160x = 4800$ $\qquad \therefore x = 30$

따라서 x의 값은 30.

(9) 증가와 감소에 대한 문제

문제 어느 동호회의 작년 전체 회원은 200명이었다, 올해는 작년에 비해 남자 회원은 10명 감소하고, 여자 회원 수는 15% 증가해 전체 회원 수가 1% 증가했다. 올해 여자 회원 수를 구하시오.

접근하기 작년과 올해의 학생 수를 비교하며 올해의 학생 수를 묻는 문제에서는 작년 학생 수를 미지수로 놓고 증가하거나 감소한 학생 수를 식으로 세우는 것이 편리합니다.

풀이 작년 여자 회원 수를 x라 하면

올해 증가한 여자 회원 수는 $\dfrac{15}{100}x$ 이므로

$-10 + \dfrac{15}{100}x = \dfrac{1}{100} \times 200, \quad \dfrac{3}{20}x = 12$ $\qquad\qquad \therefore x = 80$

따라서 올해 여자 회원 수는 $80 + \dfrac{15}{100} \times 80 = 92$명.

● ● ● 우리가 알아야 할 것 ＋

- 등식은 방정식과 항등식으로 구분됩니다.
- 방정식은 미지수의 값에 따라 참이 되기도 하고 거짓이 되기도 하는 등식입니다.
- 항등식은 미지수에 어떤 값을 대입해도 항상 참이 되는 등식입니다.
- 일차방정식은 우변의 모든 항을 이항하면 좌변이 일차식이 되는 $ax+b$ $=0(a \neq 0)$ 꼴의 등식입니다.
- 일차방정식 $ax+b=0(a \neq 0)$을 등식의 성질을 이용해 $x =$(수)의 꼴로 고쳐 해를 구합니다.
- 일차방정식을 활용해 다양한 실생활 문제를 해결할 수 있습니다.

단항식과
다항식의 계산

무슨 의미냐면요

...

단항식과 다항식의 사칙연산의 원리를 이해하고 계산할 수 있습니다. 단항식과 다항식의 계산은 문자를 사용한 식을 더욱 간략히 표현하고, 나아가 방정식의 풀이와 함수의 표현에서 매우 중요하게 이용됩니다.

좀 더 설명하면 이렇습니다

...

중학교 1학년 과정에서 배운 대로 3을 4번 곱할 때 거듭제곱을 이용하면 간단히 3^4으로 나타낼 수 있습니다. 이처럼 이 단원에서는 수와 문자를 더욱 간단히 표현하고 복잡한 계산을 편리하게 하는 다양한 방법을 학습합니다.

1. 지수법칙

먼저 거듭제곱의 곱셈을 살펴보면, $3^4 \times 3^2 = (3 \times 3 \times 3 \times 3) \times (3 \times 3) = 3^6$에서 알 수 있듯이 3^6의 지수 6은 $3^4 \times 3^2$에서 두 지수 4와 2의 합과 같습니다. 또한 $(3^2)^4 = 3^2 \times 3^2 \times 3^2 \times 3^2 = 3^{2+2+2+2} = 3^8$에서 3^8의 지수 8은 $(3^2)^4$에서 두 지수 2와 4의 곱과 같고, $(3^2)^4 = (3^4)^2$입니다.

m, n이 자연수일 때,

$\underline{a^m \times a^n = a^{m+n}}$ ← 지수의 합 $\underline{(a^m)^n = a^{mn}}$ ← 지수의 곱

단, 중등 과정의 지수법칙에서는 지수가 자연수인 범위만 다룹니다. 그리고 $3^4 \times 3^2 \neq 3^{4 \times 2}$, $3^4 + 3^2 \neq 3^{4+2}$, $(3^2)^4 \neq 3^{2^4}$이고, 특히 지수끼리 더하는 것은 밑이 같은 경우에만 적용할 수 있으므로 $3^4 \times 5^2 \neq 3^{4 \times 2}$, $3^4 \times 5^2 \neq 15^{4 \times 2}$임에 주의합니다. 셋 이상의 거듭제곱의 곱에서도 $a^l \times a^m \times a^n = a^{l+m+n}$을 이용할 수 있습니다.

거듭제곱의 나눗셈에서 0이 아닌 a에 대해 분모와 분자를 약분해 계산하면, $a^5 \div a^3 = \dfrac{a \times a \times a \times a \times a}{a \times a \times a} = a \times a = a^2$이므로 a^2의 지수 2는 $a^5 \div a^3$에서 두 지수 5와 3의 차와 같습니다. 또한 $a^3 \div a^3 = \dfrac{a \times a \times a}{a \times a \times a} = 1$에서 지수가 같은 거듭제곱의 나눗셈은 분모와 분자가 모두 약분되어

1이 됩니다. 마지막으로 $a^3 \div a^5 = \dfrac{a \times a \times a}{a \times a \times a \times a \times a} = \dfrac{1}{a \times a} = \dfrac{1}{a^2}$ 에서도 a^2의 지수 2는 $a^3 \div a^5$의 두 지수 3과 5의 차와 같습니다.

$a \neq 0$이고, m, n이 자연수일 때,

① $m > n$이면 $a^m \div a^n = a^{m-n}$

② $m = n$이면 $a^m \div a^n = 1$

③ $m < n$이면 $a^m \div a^n = \dfrac{1}{a^{n-m}}$

밑이 같은 거듭제곱끼리 나눗셈을 할 때는 먼저 지수 m과 n의 크기를 비교해야 합니다. 또한 $a^m \div a^n \neq a^{m \div n}$으로 연산을 지수에 적용하거나, $a^m \div a^m \neq 0$으로 계산하지 않도록 주의합니다.

또한 괄호 밖에 거듭제곱이 있는 경우에는 $(ab)^2 = ab \times ab = (a \times a) \times (b \times b) = a^2 b^2$, $\left(\dfrac{a}{b}\right)^2 = \dfrac{a}{b} \times \dfrac{a}{b} = \dfrac{a \times a}{b \times b} = \dfrac{a^2}{b^2}$이 되어, 괄호 안의 각 수와 문자의 지수에 분배되어 곱하는 것으로 이해할 수 있습니다.

m이 자연수일 때,

① $(ab)^m = a^m b^m$

② $\left(\dfrac{a}{b}\right)^m = \dfrac{a^m}{b^m}$ (단, $b \neq 0$)

괄호 안의 한 문자만 지수가 1일 때, $(ab^3)^2 \neq ab^6$처럼 괄호 밖의 지수를 일부에만 분배하는 실수가 많이 있습니다. 지수를 분배할 때도 모든 수와 문자의 지수에 빠짐없이 곱해 계산하도록 주의합니다.

지수법칙은 문자뿐 아니라 문자 앞에 곱해진 수와 부호에도 적용됩니다. 특히 부호를 판단할 때, 양수 a에 대해 다음과 같이 계산합니다.

$$(-a)^2 = (-1)^2 \times a^2 = a^2 \qquad -(-a)^2 = -\{(-1)^2 \times a^2\} = -a^2$$

$$(-a)^3 = (-1)^3 \times a^3 = -a^3 \qquad -(-a)^3 = -\{(-1)^3 \times a^3\} = -(-a^3) = a^3$$

2. 단항식의 곱셈과 나눗셈

단항식은 곱셈 기호를 생략해 나타낸 하나의 항으로 이루어진 다항식을 말하고, 문자를 포함한 항에서 문자에 곱해진 수를 계수라고 합니다.

단항식의 곱셈은 계수는 계수끼리, 문자는 문자끼리 곱해 지수법칙을 이용해 간단히 나타낼 수 있습니다.

즉 $3xy^2 \times (-2x^3y) = 3 \times (-2) \times (x \times x^3 \times y^2 \times y) = -6x^4y^3$처럼 계산하고, 수는 문자 앞에 문자는 알파벳 순서대로 적습니다.

단항식의 나눗셈은 $6x^2 \div 3x = 6x^2 \times \dfrac{1}{3x} = (6 \times \dfrac{1}{3}) \times (x^2 \times \dfrac{1}{x}) = 2x$와 같이 곱셈으로 바꾸어 $A \div B = A \times \dfrac{1}{B}$처럼 계산하거나, $6x^2 \div 3x = \dfrac{6x^2}{3x}$ $= 2x$와 같이 분수의 꼴로 바꾸어 $A \div B = \dfrac{A}{B}$처럼 계산합니다.

곱셈과 나눗셈이 섞여 있는 경우, 부호를 먼저 결정한 후에 $\dfrac{a}{b} \div \dfrac{c}{d}$ $\times \dfrac{e}{f} = \dfrac{a}{b} \times \dfrac{d}{c} \times \dfrac{e}{f} = \dfrac{a \times d \times e}{b \times c \times f}$와 같이 나눗셈을 곱셈으로 바꾸고 분모는 분모끼리 분자는 분자끼리 곱해 계산하면 편리합니다.

3. 다항식의 계산

문구점에서 펜은 한 자루에 a원, 노트는 한 권에 b원에 팔고 있습니다. 이 문구점에서 다연이는 펜 3자루와 노트 4권을 샀고, 정민이는 펜 5자루와 노트 2권을 샀습니다. 다연이와 정민이가 지불한 금액은 각각 $(3a+4b)$원과 $(5a+2b)$원이고, 그 합은 $(3a+4b)+(5a+2b)$원입니다. 이 금액은 펜 8자루와 노트 6권을 산 것과 같으므로 합한 금액은 $(8a+6b)$원입니다. 따라서 $3a+4b$와 $5a+2b$의 덧셈은 다음과 같이 괄호를 풀고 동류항끼리 모아서 계산합니다.

$$
\begin{aligned}
(3a+4b)+(5a+2b) &= 3a+\underline{4b+5a}+2b \qquad \text{덧셈의 교환법칙}\\
&= 3a+\underline{5a+4b}+2b \qquad \text{분배법칙}\\
&= (3+5)a+(4+2)b\\
&= 8a+6b
\end{aligned}
$$

문자가 2개 이상인 다항식의 덧셈과 뺄셈은 문자가 1개인 일차식과 마찬가지로 먼저 괄호를 풀고 동류항끼리 모아서 계산합니다. 이때 다항식의 뺄셈은 $(3a+4b)-(5a+2b)=3a+4b-5a-2b=-2a+2b$처럼 빼는 식 $(5a+2b)$의 각 항의 부호를 바꾸어 계산합니다.

$3x^2+5x-4$처럼 가장 큰 항의 차수가 2인 다항식을 이차식이라고 합니다. 이차식도 마찬가지로 먼저 괄호를 풀고, 문자와 차수가 각각 같은 동류항끼리 모아서 계산합니다.

단항식과 다항식의 곱셈에서는 분배법칙을 이용해 계산하면,

$2x(3x+4)=2x\times3x+2x\times4=6x^2+8x$와 같이 하나의 다항식으로 나타낼 수 있습니다. 이 과정을 전개한다고 하고, 전개해 얻은 다항식 $6x^2+8x$을 전개식이라고 합니다.

다항식의 나눗셈에서 $(6x^2+3x)\div3x=(6x^2+3x)\times\dfrac{1}{3x}=6x^2\times\dfrac{1}{3x}$ $+3x\times\dfrac{1}{3x}=2x+1$과 같이 나눗셈을 곱셈으로 바꾸거나, $(6x^2+3x)\div$ $3x=\dfrac{6x^2+3x}{3x}=\dfrac{6x^2}{3x}+\dfrac{3x}{3x}=2x+1$과 같이 분수의 꼴로 바꿔서 계산합니다. 특히 분배법칙을 이용할 때, $(6x^2+3x)\div3x=\dfrac{6x^2+3x}{3x}\neq2x+3x$와 같이 하지 않고, 모든 항에 분배해 계산하도록 주의합니다.

우리가 알아야 할 것 　＋

- 지수법칙을 이용해 거듭제곱을 간단하게 정리할 수 있습니다.
- 단항식의 곱셈은 계수는 계수끼리, 문자는 문자끼리 계산하고, 단항식의 나눗셈은 곱셈으로 바꾸거나 분수 꼴로 바꾸어 계산합니다.
- 다항식의 덧셈과 뺄셈은 괄호를 풀고 동류항끼리 모아서 간단히 합니다.
- 단항식과 다항식의 나눗셈은 분수 꼴이나 역수의 곱셈으로 바꾸고 다항식의 곱셈처럼 분배법칙을 이용해 계산합니다.

일차부등식

무슨 의미냐면요

...

부등식은 부등호($<$, $\leq$, $>$, $\geq$)를 사용해 수 또는 식의 대소 관계를 나타낸 것입니다. 부등호의 우변을 0으로 만들었을 때, $ax+b<0$, $ax+b\leq0$, $ax+b>0$, $ax+b\geq0(a\neq0)$의 꼴로 좌변이 일차식이 되면 일차부등식입니다.

좀 더 설명하면 이렇습니다

...

1. 부등식의 해와 그 성질

초등 과정의 부등식에서는 3>2, 5≤7와 같이 두 수를 비교해 나타내었습니다. 이제는 문자를 사용해 식을 표현하고 계산하는 방법을 학습했으므로, $3x+1<4$처럼 두 수뿐만 아니라 문자를 포함한 식의 대소 관계를 부등호를 사용해 부등식으로 나타낼 수 있습니다.

부등식이 참이 되게 하는 x의 값을 그 부등식의 해라고 하고, 부등식의 해를 모두 구하는 것을 "부등식을 푼다."라고 합니다. 같은 의미로 "부등식을 만족시키는 x의 값을 구한다." "부등식이 참이 되게 하는 x의 값을 구한다." "부등식의 해를 구한다." 등으로 표현될 수 있습니다.

예를 들어 x의 값이 −1, 0, 1일 때, 부등식 $3x+1<4$을 풀어 봅시다.

$x=-1$일 때, 좌변은 $3\times(-1)+1=-2$이고 우변 4보다 작으므로 부등식은 참입니다.

$x=0$일 때, 좌변은 $3\times0+1=1$이고 우변 4보다 작으므로 부등식은 참입니다.

$x=1$일 때, 좌변은 $3\times1+1=4$이고 우변 4와 같으므로 부등식은 거짓입니다.

따라서 x의 값이 −1, 0, 1일 때, 부등식 $3x+1<4$의 해는 −1, 0입니다.

일차방정식과 비교하면 $3x+1=4$의 해는 $x=1$입니다. 이처럼 일반적으로 일차방정식의 해는 1개를 갖지만 부등식은 해가 여러 개 나올 수 있습니다. 또한 부등식에서는 양변의 크기에 따라 부등호의 방향이 달라지므로 등식에서와 달리 양변에 같은 수를 곱하거나 나눌 때 계산 방법에 차이가 있습니다.

2<3의 양변에 2를 더하면 4<6이고, 양변에서 2를 빼면 0<2이므로, 일반적으로 부등식의 양변에 같은 수를 더하거나 빼도 부등호의 방향은 바뀌지 않습니다. 또한 2<4의 양변에 2를 곱하면 4<8이고, 양변을 2로 나누면 1<2이므로, 부등식의 양변에 양수인 같은 수를 곱하거나 나누어도 부등호의 방향은 바뀌지 않습니다.

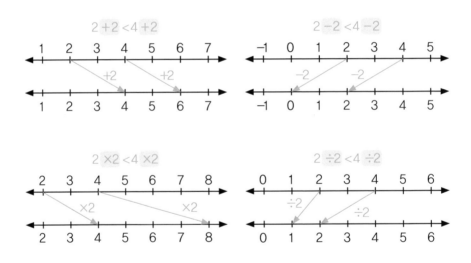

하지만 2<4의 양변에 −2를 곱하면 −4>−8이고, 양변을 −2로 나누면 −1>−2으로, 부등호의 방향이 반대가 됩니다. 즉 일반적으로 부등식의 양변에 같은 음수를 곱하거나 나누면 부등호의 방향이 바뀝니다.

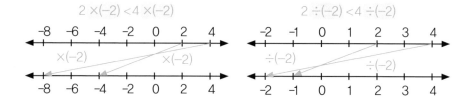

예를 들어 $a \leq b$일 때, $-\dfrac{a}{5}-4$와 $-\dfrac{b}{5}-4$의 대소를 비교해 봅시다.

$a \leq b$의 양변에 같은 음수를 나누면 부등호 방향이 바뀌므로 $-\dfrac{a}{5} \geq -\dfrac{b}{5}$이고, 부등식의 양변에 같은 수를 더하거나 빼도 부등호 방향은 바뀌지 않으므로 $-\dfrac{a}{5}-4 \geq -\dfrac{b}{5}-4$입니다.

마찬가지로 $-3a+5 \geq -3b+5$일 때, a와 b의 대소를 비교해 봅시다.

거꾸로 계산하는 방법으로 먼저, 양변에 5를 빼면 부등호 방향이 바뀌지 않으므로 $-3a \geq -3b$입니다. 그리고 부등식의 양변에 -3으로 나누면 부등호 방향이 바뀌므로 $a \leq b$입니다.

2. 일차부등식

방정식에서와 마찬가지로 부등식에서도 한 변에 있는 항을 다른 변으로 이항할 수 있습니다. 부등식에서 우변의 모든 항을 이항해 우변을 0으로 만들었을 때, (일차식)<0, (일차식)≤0, (일차식)>0, (일차식)≥0 중에서 어느 하나의 꼴이 되면 일차부등식이라고 합니다.

부등식에서 이항할 때는 음수를 이항하더라도 부등호 방향은 바뀌지 않고, 음수를 곱하거나 나눌 때만 부등호 방향이 바뀌는 것에 주의합니다.

(1) 일차부등식의 풀이

일차부등식의 해를 구할 때는 ① 일차항은 좌변으로, 상수항은 우변으로 이항하고, ② $ax<b$, $ax\leq b$, $ax>b$, $ax\geq b\,(a\neq 0)$ 중에서 어느 하나의 꼴로 정리한 다음, ③ 양변을 x의 계수 a로 나누어 $x<$(수), $x\leq$(수), $x>$(수), $x\geq$(수) 중 어느 하나의 꼴로 나타냅니다. 이때 a가 음수이면 부등호의 방향이 바뀝니다.

예를 들어 일차부등식 $3x+2>-x+10$의 해를 구해 봅시다.

$3x+2>-x+10$에서 $-x$와 2를 이항하면 $3x+x>10-2$입니다. 좌변과 우변의 동류항을 정리하면 $4x>8$이고, 양변을 4로 나누면 부등호 방향이 바뀌지 않으므로 $x>2$입니다.

$x>2$을 수직선 위에 나타낼 때는 $x=2$을 포함하지 않으므로 수직선 위에 2인 점을 ○으로 나타냅니다. 이때 $x\geq 2$인 경우에는 $x=2$을 포함하므로 수직선 위에 2인 점을 색칠해 ●으로 나타냅니다.

일반적으로 일차부등식을 풀 때 일차항 ax를 좌변으로 상수항 b를 우변으로 정리하지만, $x+5<4x-3$와 같은 경우 일차항을 우변으로 이항해 정리하면 $8<3x$으로 계수가 양수가 되어 부등호 방향이 바뀌지 않으므로 계산할 때 편리합니다.

(2) 일차부등식의 활용

다양한 실생활 문제에서도 구하려는 수량을 먼저 찾고, 그 수량들 사이의 관계를 부등식으로 나타내면 일차부등식을 활용해 문제를 해결할 수 있습니다. 일차부등식의 활용 문제에서는 다음과 같은 순서로 풀도록 합니다.

① 문제의 뜻을 파악하고, 일반적으로 구하려는 값을 <u>미지수</u> x로 놓는다.

② 문제의 뜻에 맞게 x에 대한 <u>일차방정식</u>을 세운다.

③ 일차부등식을 풀어 <u>해</u>를 구한다.

④ 구한 해가 문제의 뜻에 맞는지 <u>확인</u>한다.

(문제의 답을 구할 때는 반드시 단위를 함께 쓰는 것이 좋다.)

일차부등식의 활용 문제는 일차방정식의 활용 문제와 거의 같은 방법으로 해결하기 때문에 일차방정식의 유형별 문제 풀이 방법을 참고하면 좋습니다. 단, 일차부등식의 계산 과정에서 부등호 방향에 주의해 풀도록 합니다.

- 부등식은 부등호를 사용해 수 또는 식의 대소 관계를 나타낸 것입니다.
- 부등식에서 양변에 음수를 곱하거나 나누면 부등호 방향이 바뀝니다.
- 일차부등식은 우변의 모든 항을 이항하면 좌변이 일차식이 되어
  $ax+b <0, ax+b≤0, ax+b>0, ax+b≥0(a≠0)$ 중의 하나의 꼴이 됩니다.
- 일차부등식을 $ax<b, ax≤b, ax>b, ax≥b(a≠0)$ 중에서 어느 하나의 꼴로
  정리한 다음 양변을 x의 계수 a로 나누어 부등식의 해를 구합니다.
- 일차부등식은 일차방정식과 거의 같은 방법으로 해결하지만 부등호의 방
  향을 주의합니다.

중 2-1

연립일차방정식

무슨 의미냐면요

· · ·

연립일차방정식은 두 일차방정식을 한 쌍으로 묶어 놓은 것입니다. 여기서 일차방정식은 일반적으로 $ax+by+c=0(a\neq0,\ b\neq0)$으로 미지수가 2개입니다. 연립일차방정식의 해는 두 일차방정식을 동시에 참이 되게 하는 x, y의 값 또는 그 순서쌍 (x, y)입니다.

좀 더 설명하면 이렇습니다

· · ·

등식에서 우변의 모든 항을 좌변으로 이항시켜 정리했을 때, 좌변의 가장 높은 차수의 항이 일차항이 되면 일차방정식입니다. 특히 중학교 1학년 일차방정식은 미지수가 1개인 $ax+b=0(a \neq 0)$의 꼴로 정리되고 일반적으로 해가 1개뿐입니다.

1. 미지수가 2개인 연립일차방정식

$x+2y-5=0$처럼 미지수가 2개 사용되더라도 x와 y의 값에 따라 참이 되기도 하고 거짓이 되기도 하면 x와 y에 대한 방정식입니다. 또한 이 방정식의 미지수 x와 y의 차수가 모두 1이므로 일차방정식입니다. 이처럼 미지수가 2개인 일차방정식은 $ax+by+c=0(a \neq 0,\ b \neq 0)$의 꼴로 나타낼 수 있습니다. 미지수가 2개인 일차방정식의 해는 방정식을 참이 되게 하는 x와 y의 값 또는 순서쌍 (x,y)을 의미하고, 일반적으로 하나 이상을 갖습니다.

앞으로 미지수가 1개인 일차방정식 $ax+b=0(a \neq 0)$이나, 미지수가 2개인 일차방정식 $ax+by+c=0(a \neq 0,\ b \neq 0)$을 모두 간단히 일차방정식이라고 합니다. x, y가 자연수일 때, 일차방정식 $x+2y-5=0$을 풀어 해를 구하면 다음과 같습니다.

x	1	2	3	4	5
y	2	$\dfrac{3}{2}$	1	$\dfrac{1}{2}$	0

방정식 $x+2y-5=0$이 참이 되게 하는 자연수 x와 y의 값을 순서쌍

(x, y)으로 나타내면, 일차방정식의 해는 (1, 2), (3, 1)이 됩니다. 여기에서 x와 y가 자연수의 범위로 제한되지 않고, 수 전체로 확장되면 $(2, \frac{3}{2})$ 또는 (5, 0) 등 셀 수 없이 많은 해가 나올 수 있습니다.

예를 들어 문항의 점수가 1점과 2점으로 이루어진 쪽지 시험에서 4문제를 맞춰서 얻은 점수가 총 5점이 되었습니다. 맞춘 문제가 1점짜리 x개와 2점짜리 y개라고 하면, $x+y=4$와 $x+2y=5$으로 2개의 일차방정식을 세울 수 있습니다. 이 두 일차방정식을 공통으로 만족시키는 해 (x, y)을 구하기 위해 일차방정식을 묶어 $\begin{cases} x+y=4 \\ x+2y=5 \end{cases}$와 같이 표현할 수 있습니다. 이처럼 2개 이상의 일차방정식을 한 쌍으로 묶어 나타낸 것이 연립일차방정식이고, 그 해는 두 일차방정식의 공통인 해 (x, y)입니다.

자연수 x와 y에 대해, 일차방정식 $x+y=4$의 해는 (1, 3), (2, 2), (3, 1)이고, $x+2y=5$의 해는 (1, 2), (3, 1)입니다. 따라서 연립일차방정식 $\begin{cases} x+y=4 \\ x+2y=5 \end{cases}$ 의 해는 두 일차방정식의 공통인 해이므로 (3, 1)입니다.

여기서 연립일차방정식은 간단히 연립방정식이라고도 하고, 이처럼 연립방정식의 해를 구하는 것을 "연립방정식을 푼다."라고 합니다.

2. 연립일차방정식의 풀이

앞서 연립일차방정식의 해를 구하기 위해서는 두 일차방정식의 해를 나열하고, 그중 공통인 해를 찾았습니다. 두 일차방정식의 공통인 해를 찾기 위해서는 다양한 방법이 있지만, 교육과정에서 소개하는 방법은 가감법과 대입법, 2가지입니다. 두 방법 모두 하나의 미지수를 없애고 미지수가 1개인 일차방정식을 만들어 해를 순서대로 구하도록 합니다.

(1) 가감법

가감법은 미지수 2개 중 한 미지수를 없애기 위해 두 일차방정식을 변끼리 더하거나 빼는 방법입니다.

$$\begin{cases} x+y=7 & \cdots\cdots\text{①} \\ x-y=5 & \cdots\cdots\text{②} \end{cases}$$

미지수 y를 없애기 위해 ①과 ②를 변끼리 더하면 $2x=12$ 이므로 $x=6$이다. 이것을 ①에 대입하면 $6+y=7$ 이므로 $y=1$이다.

$$\begin{array}{r} x+y=7 \\ +)\ x-y=5 \\ \hline 2x\ \ \ \ =12 \end{array}$$

따라서 주어진 연립방정식의 해는 $x=6, y=1$이다.

참고 연립방정식 $\begin{cases} x+y=7 ① \\ x-y=5 ② \end{cases}$ 를 풀 때, 미지수 x를 없앨 수도 있다. 일차방정식 ①에서 ②를 변끼리 빼면 미지수 x가 없어지고, 이 식을 이용해 연립방정식을 풀어도 해는 $x=6, y=1$이다.

$$\begin{array}{r} x+y=7 \\ -)\ x-y=5 \\ \hline 2y=2 \end{array}$$

두 방정식의 변끼리 더하거나 빼도 한 미지수가 없어지지 않을 때는, 없애려고 하는 미지수의 계수를 절댓값이 같도록 해서 더하거나 빼도록 해야 합니다.

$$\begin{cases} 5x + 4y = 7 & \cdots\cdots ① \\ 3x - 2y = 13 & \cdots\cdots ② \end{cases}$$

y를 없애기 위해 ②의 양변에 2를 곱해, y 계수의 절댓값이 4로 같은 ③을 만든다.

$$\begin{cases} 5x + 4y = 7 & \cdots\cdots ① \\ 6x - 4y = 26 & \cdots\cdots ③ \end{cases}$$

$$\begin{array}{r} 5x + 4y = 7 \\ +\ )\ \underline{6x - 4y = 26} \\ x \qquad = 3 \end{array}$$

①과 ③을 변끼리 더하면 $x = 3$이다.

$x = 3$을 ①에 대입하면 $y = -2$이다.

따라서 주어진 연립방정식의 해는 $x = 3$, $y = -2$이다.

가감법을 이용한 연립방정식의 풀이 순서를 정리하면 다음과 같습니다.

① 양변에 적당한 수를 곱해 없애려는 미지수의 계수의 절댓값이 같아지도록 한다.

② 두 일차방정식의 변끼리 더하거나 빼서 한 미지수를 없앤 후 방정식을 푼다.

③ 구한 해를 두 일차방정식 중 간단한 일차방정식에 대입해 다른 미지수의 값을 구한다.

(2) 대입법

대입법은 한 일차방정식에서 한 미지수를 다른 미지수의 식으로 나타낸 후 다른 일차방정식에 대입해 연립방정식을 푸는 방법입니다.

$$\begin{cases} x-2y=1 & \cdots\cdots ① \\ 2x+5y=20 & \cdots\cdots ② \end{cases}$$

x를 없애기 위해 ①을 $x=(y$의 식) 꼴로 정리하면

$x=2y+1 \qquad\qquad \cdots\cdots ③$

③을 ②에 대입하면 $2(2y+1)+5y=20$이므로, 이 방정식을 풀면 $y=2$이다.

$y=2$를 ③에 대입하면 $x=5$이다.

따라서 주어진 연립방정식의 해는 $x=5, y=2$이다.

연립방정식을 이루고 있는 두 일차방정식 중에서 $y=ax$의 꼴이나 $x=ay$의 꼴이 있으면 바로 이것을 나머지 방정식에 대입하면 미지수 1개를 없앨 수 있으므로 이 경우에는 가감법보다 대입법을 사용하는 것이 편리합니다.

$$\begin{cases} x=2y & \cdots\cdots ① \\ 2x+y=7500 & \cdots\cdots ② \end{cases}$$

x를 없애기 위해 ①을 ②에 대입하면 $2\times(2y)+y=7500$이므로, 이 방정식을 풀면 $y=1500$이다.

$y=1500$을 ①에 대입하면 $x=3000$이다.

따라서 주어진 연립방정식의 해는 $x=3000, y=1500$이다.

대입법을 이용한 연립방정식의 풀이 순서를 정리하면 다음과 같습니다.

① 한 일차방정식에서 한 미지수를 다른 미지수의 식, $x = (y$의 식$)$ 또는 $y = (x$의 식$)$으로 나타낸다.

② ①의 식을 다른 일차방정식에 대입해 미지수를 없앤 후 방정식을 푼다.

③ ②에서 구한 해를 ①의 식에 대입해 다른 미지수의 값을 구한다.

연립방정식을 풀 때, 가감법과 대입법 중 어느 방법을 이용해 풀어도 연립방정식의 해는 같습니다. 또한 연립방정식뿐만 아니라 모든 방정식을 풀 때는 기본적으로 계수가 소수이거나 분수이면 먼저 정수로 바꾸고, 괄호가 있는 경우에는 분배법칙을 이용해 동류항을 정리합니다.

연립방정식에서 $A=B=C$ 꼴인 경우, 다음 세 연립방정식 중에서 가장 간단한 것을 선택해 풉니다. 이때 어떤 것을 선택해 풀어도 그 해는 모두 같습니다.

$$\begin{cases} A=B \\ A=C \end{cases} \qquad \begin{cases} A=B \\ B=C \end{cases} \qquad \begin{cases} A=C \\ B=C \end{cases}$$

식 A, B, C 중 형태가 가장 간단하거나 항의 개수가 적은 것을 기준으로 연립방정식을 만드는 것이 유리하고, 특히 C가 상수이면 $\begin{cases} A=C \\ B=C \end{cases}$ 으로 푸는 것이 가장 편리합니다.

예를 들어 방정식 $2x+y-2=3x-y+5=x$를 풀어 봅시다.

가장 간단한 식인 x를 두 번 사용해 연립방정식 $\begin{cases} 2x+y-2=x \\ 3x-y+5=x \end{cases}$ 즉 $\begin{cases} x+y=2 \\ 2x-y=-5 \end{cases}$ 으로 바꿉니다. 그리고 두 식에서 변끼리 더하면 $3x=-3$이므로 $x=-1$입니다. $x=-1$을 가장 간단한 식인 $x+y=2$에 대입해 계산하면 $y=3$입니다. 따라서 주어진 방정식의 해는 $x=-1$, $y=3$입니다.

(3) 해가 특수한 경우

연립방정식을 풀다 보면 해가 (x, y) 한 쌍이 아닌 경우가 있습니다. 연립방정식의 해가 특수한 경우는 크게 2가지로, 해가 무수히 많거나 해가 없는 경우로 나눌 수 있습니다.

연립방정식의 해가 무수히 많은 경우는 두 일차방정식을 변형해 정리했을 때, 미지수의 계수와 상수항이 각각 같아집니다. 즉 두 방정식이 완전히 일치하게 되면 연립방정식의 해는 무수히 많습니다.

예 $\begin{cases} 2x+y=3 \quad \cdots\cdots ① \\ 4x+2y=6 \quad \cdots\cdots ② \end{cases}$ $\xrightarrow{①×2}$ $\begin{cases} 4x+2y=6 \\ 4x+2y=6 \end{cases}$

➡ 두 방정식이 일치하므로 해가 무수히 많다.

연립방정식의 해가 없는 경우는 두 일차방정식을 변형해 정리했을 때, 미지수의 계수는 각각 같고 상수항만 다르게 됩니다.

예 $\begin{cases} x+2y=3 & \cdots\cdots ① \\ 2x+4y=4 & \cdots\cdots ② \end{cases}$ $\xrightarrow{①×2}$ $\begin{cases} 2x+4y=6 \\ 2x+4y=4 \end{cases}$

➡ x, y의 계수는 각각 같고 상수항이 다르므로 해가 없다.

따라서 연립일차방정식에서 두 미지수의 계수를 같게 만들어지면, 해가 특수한 경우입니다. 그중 $\begin{cases} ax+by=c \\ ax+by=c \end{cases}$처럼 상수항까지 모두 같아지면 해는 무수히 많게 되고, $\begin{cases} ax+by=c \\ ax+by=d \end{cases}$처럼 상수항만 서로 다르면 해는 없게 됩니다.

(4) 연립방정식의 활용

연립일차방정식의 활용 문제도 일차방정식의 활용과 마찬가지로 상황에 따라 적절하게 일차방정식을 세워 문제를 해결합니다. 따라서 연립일차방정식의 활용에 앞서 일차방정식의 유형별 문제 풀이 방법을 반드시 학습해야 합니다.

연립방정식을 활용해 문제를 해결하는 단계는 다음과 같습니다.

① 문제의 뜻을 이해하고, 구하려는 것을 미지수 x와 y로 놓는다.

② 문제의 뜻에 맞게 x와 y에 대한 연립방정식을 세운다.

③ 가감법과 대입법을 이용해 연립방정식을 푼다.

④ 구한 해가 문제의 뜻에 맞는지 확인한다.

- 미지수가 2개인 일차방정식은 $ax+by+c=0(a, b, c$는 상수, $a \neq 0, b \neq 0)$의 꼴로 나타낼 수 있습니다.

- 미지수가 1개 또는 2개인 일차방정식을 모두 간단히 일차방정식이라고 합니다.

- 연립일차방정식은 2개 이상의 일차방정식을 묶어 나타낸 것입니다.

- 미지수가 2개인 연립방정식은 대입법과 가감법을 이용해 한 미지수를 없앤 다음, 미지수가 1개인 일차방정식으로 만들어 풉니다.

다항식의 곱셈과 인수분해

무슨 의미냐면요

. . .

두 일차식의 곱을 분배법칙을 사용해 전개하면 이차식으로 나타낼 수 있습니다. 역으로 인수분해를 이용하면 이차식을 다시 두 일차식의 곱으로 나타낼 수 있습니다. 이처럼 다항식의 곱셈과 인수분해는 서로 역관계임을 이용해 그 원리를 이해하고 계산할 수 있습니다.

좀 더 설명하면 이렇습니다

. . .

앞서 중학교 2학년 과정에서 지수법칙을 이용해 단항식의 곱셈과 나

뺄셈을 계산하고, $2x(3x+4)$와 같은 단항식과 다항식의 곱셈은 분배법칙을 이용해 식을 전개해 하나의 다항식 $6x^2+8x$으로 나타냈습니다.

이제 분배법칙을 이용해 다항식과 다항식의 곱셈을 전개해 하나의 다항식으로 나타낼 수 있습니다.

1. 다항식의 곱셈

다항식의 곱셈에서 $(a+b)(c+d)=ac+ad+bc+bd$가 성립함을 2가지 방법으로 설명할 수 있습니다. 먼저 도형의 넓이를 이용한 방법을 살펴봅시다.

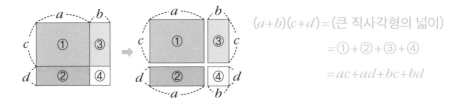

가로의 길이가 $a+b$이고, 세로의 길이가 $c+d$인 직사각형의 넓이는 $(a+b)(c+d)$입니다. 그리고 사각형 안에 넓이가 각각 ac, ad, bc, bd인 4개의 작은 직사각형들의 넓이 합 $ac+ad+bc+bd$와 같습니다.

두 번째로는 식을 한 문자로 놓고 분배법칙을 이용해 전개할 수 있습니다.

$(a+b)(c+d)$에서 $c+d=$M으로 놓고 전개하면 $(a+b)(c+d)=(a+b)$M$=a$M$+b$M입니다. 이때 M에 $c+d$을 다시 돌려놓고 전개하면 aM$+b$M$=$

$a(c+d)+b(c+d)=ac+ad+bc+bd$입니다.

따라서 다항식과 다항식의 곱셈도 다음과 같이 분배법칙을 이용해 하나의 다항식으로 전개할 수 있습니다.

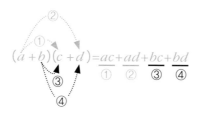

전개식에 동류항이 있으면 동류항끼리 모아서 간단히 정리해 나타냅니다. 전개식을 쓸 때는 차수가 높은 것부터 낮은 것으로 순서대로 쓰는 것이 일반적입니다.

다항식의 곱셈을 이용해 여러 가지 곱셈공식을 유도할 수 있는데, 중학교 3학년 교육과정에서 소개하는 곱셈 공식은 총 5가지입니다.

① 합의 제곱: $(a+b)^2=(a+b)(a+b)=a^2+2ab+b^2$

② 차의 제곱: $(a-b)^2=(a-b)(a-b)=a^2-2ab+b^2$

③ 합과 차의 곱: $(a+b)(a-b)=a^2-b^2$

④ x의 계수가 1인 두 일차식의 곱: $(x+a)(x+b)=x^2+(a+b)x+ab$

상수항끼리의 합 상수항끼리의 곱

⑤ x의 계수가 1이 아닌 두 일차식의 곱:

$$(ax+b)(cx+d)=acx^2+(ad+bc)x+bd$$

일차항의
계수끼리의 곱

일차항의 계수와 상수항을
엇갈리게 곱한 것의 합

상수항끼리의 곱

다항식의 제곱에서 괄호 안의 a 부호가 다르더라도 간단히 정리해 공식을 만들면 쉽게 전개할 수 있습니다. $(-a-b)^2$와 $(-a+b)^2$은 각각 $(-a-b)^2=\{-(a+b)\}^2=(a+b)^2$와 $(-a+b)^2=\{-(a-b)\}^2=(a-b)^2$으로 바꾸어 공식을 이용할 수 있습니다. 또한 합과 차의 곱에서 $(-a-b)(-a+b)=\{-(a+b)\}\{-(a-b)\}=(a+b)(a-b)$로 바꿀 수 있습니다. 따라서 괄호 안에 항이 2개씩 있고, 하나의 항은 서로 같고 하나의 항은 서로 부호만 다르면 합과 차의 공식을 이용할 수 있습니다.

수의 곱셈에서도 다항식의 곱셈공식을 이용해 다음과 같이 편리하게 계산할 수 있습니다.

① $1003^2=(1000+3)^2=1000^2+2\times1000\times3+3^2=1000000+6000+9$
$=1006009$

② $99^2=(100-1)^2=100^2-2\times100\times1+1^2=10000-200+1=9801$

③ $3.2\times2.8=(3+0.2)(3-0.2)=3^2-0.2^2=9-0.04=8.96$

④ $103\times98=(100+3)(100-2)=100^2+(3-2)\times100+3\times(-2)=10000$
$+100-6=10094$

⑤ $201 \times 304 = (2 \times 100 + 1)(3 \times 100 + 4) = (2 \times 3) \times 100^2 + (2 \times 4 + 1 \times 3) \times 100 + 1$
$\times 4 = 60000 + 1100 + 4 = 61104$

또한 합과 차의 곱셈공식 $(a+b)(a-b)=a^2-b^2$을 이용해 분모에 근호가 있는 분수의 분모를 유리화할 수 있습니다.

$b > 0$이고, a, b는 유리수일 때,

① $\dfrac{c}{a+\sqrt{b}} = \dfrac{c(a-\sqrt{b})}{(a+\sqrt{b})(a-\sqrt{b})} = \dfrac{c(a-\sqrt{b})}{a^2-b}$

부호 반대

② $\dfrac{c}{\sqrt{a}+\sqrt{b}} = \dfrac{c(\sqrt{a}-\sqrt{b})}{(\sqrt{a}+\sqrt{b})(\sqrt{a}-\sqrt{b})} = \dfrac{c(\sqrt{a}-\sqrt{b})}{a-b}$ (단, $a>0, a \neq b$)

부호 반대

이때 분모가 $a-\sqrt{b}$이면 $a+\sqrt{b}$을, 분모가 $\sqrt{a}-\sqrt{b}$이면 $\sqrt{a}+\sqrt{b}$을 분모와 분자에 각각 곱합니다. 예를 들어 $\dfrac{1}{2-\sqrt{2}} = \dfrac{1(2+\sqrt{2})}{(2-\sqrt{2})(2+\sqrt{2})} = \dfrac{2+\sqrt{2}}{2^2-(\sqrt{2})^2} = \dfrac{2+\sqrt{2}}{2}$ 와 같이 분모 $(2-\sqrt{2})$와 수 배열은 같고 부호만 다른 수 $(2+\sqrt{2})$을 분모와 분자에 각각 곱해 식을 정리하면 분모를 유리화할 수 있습니다.

2. 인수분해

두 일차식의 곱 $(x+1)(x+2)$을 곱셈공식을 이용해 전개하면 x^2+3x+2입니다. 반대로 이차식 x^2+3x+2을 두 일차식의 곱 $(x+1)(x+2)$으로 나타낼 수 있고, $x+1$와 $x+2$은 x^2+3x+2의 인수입니다.

이처럼 하나의 다항식을 2개 이상의 다항식의 곱으로 나타내는 것을 인수분해라고 하고, 각각의 식을 처음 식의 인수라고 합니다. 또한 다항식의 곱의 전개와 인수분해는 서로 반대 과정임을 알 수 있습니다.

인수라는 단어는 자연수의 소인수분해에서 처음 다룬 적이 있습니다. $3 \times 4 = 12$에서 3과 4는 12의 인수이고, 약수와 같은 개념으로 이해할 수 있습니다.

또한 $2^2 \times 3 = 12$에서 1, 2, 3, 4, 6, 12가 모두 12의 인수인 것처럼 모든 다항식에서도 1과 자기 자신은 그 다항식의 인수가 됩니다. 마찬가지로 다항식 $3x(x+1)$은 1, 3, $3x$, $(x+1)$, $x(x+1)$, $3x(x+1)$ 등을 인수로 갖습니다.

(1) 공통인수로 묶기

인수분해에서 가장 기본이 되는 과정은 공통인 인수로 항을 묶어내는 것입니다. 다항식 $ma+mb$의 m은 각 항 ma와 mb에 공통으로 들어 있는 인수입니다. 다항식의 각 항에 공통으로 들어 있는 인수를 공통인수라고 하고, 분배법칙을 이용해 공통인수를 묶어내어 인수분해를 합니다.

$$ma+mb=m(a+b)$$

공통인수로 묶기

예를 들어 $6x^2y+2xy$를 인수분해할 때는 $2xy(3x+1)$처럼, 각 계수의 최대공약수인 2까지 포함해 공통인수 $2xy$로 묶어내어 공통인 인수가 남지 않도록 합니다. 그리고 $2xy \times 1 = 2xy$이므로 공통인 인수로 묶어낼 때 괄호 안에 생략된 1을 반드시 써야 합니다.

(2) 곱셈공식 이용하기

인수분해는 다항식의 곱의 전개와 서로 반대 과정임을 이용하면 이미 학습한 5가지 곱셈공식을 인수분해공식으로 이용할 수 있습니다. 식의 형태를 보고 적절한 다항식의 곱의 형태로 바꾸어 계산합니다.

$$① \; a^2+2ab+b^2=(a+b)^2 \quad ② \; a^2-2ab+b^2=(a-b)^2$$

공식은 '앞^2±2앞뒤+뒤^2=(앞±뒤)^2'으로 암기하고, 좌변의 $2ab$의 부호와 우변의 b의 부호와 같음을 주의합니다. 예를 들어 $x^2-6x+9=x^2-2 \times x \times 3+3^2=(x-3)^2$으로 계산할 수 있습니다. 또한 식에 공통인 인수가 있을 때는 $2x^2+12y^2+18y^2=2(x^2+6xy+9y^2)=2(x+3y)^2$처럼 먼저 공통인 인수를 묶어낸 후에 인수분해를 해야 합니다.

여기에서 $(a+b)^2$, $(a-b)^2$, $(x-3)^2$, $2(x+3y)^2$과 같이 다항식의 제곱으로 된 식이나 이 식에 상수를 곱한 식을 모두 완전제곱식이라고 합니다. 이때 다항식의 제곱에 곱해진 상수는 제곱인 수가 아니어도 완전제곱식입니다.

$x^2+ax+b\,(b>0)$이 완전제곱식이 되기 위해서는 ① b는 a의 반의 제곱, 즉 $b=(\dfrac{a}{2})^2$이고, ② a는 b의 제곱근의 2배, 즉 $a=\pm 2\sqrt{b}$ 이어야 합니다. 특히 a의 부호는 $+$와 $-$ 모두 될 수 있습니다.

$$③\ \underset{\text{제곱의 차}}{a^2-b^2}=\underset{\text{합}}{(a+b)}\,\underset{\text{차}}{(a-b)}$$

또한 ③공식에서 두 제곱의 차는 순서대로 합과 차의 곱으로 표현됩니다. 예를 들어 $16x^2-49y^2=(4x)^2-(7y)^2=(4x+7y)(4x-7y)$으로 나타낼 수 있고, $253^2-247^2=(253+247)(253-247)=500\times 6=3000$과 같이 편리하게 수를 계산할 수 있습니다.

이차방정식 x^2+5x+6은 ④공식을 이용해 x의 계수가 1인 두 일차식의 곱으로 인수분해합니다. $x^2+5x+6=$

$$④\ \underset{x^2+}{\underset{\downarrow}{x^2}}+\underset{\underset{5x}{\downarrow}}{(a+b)x}+\underset{+6}{ab}=(x+a)(x+b)$$

$(x+a)(x+b)$이면 $a+b=5$, $ab=6$입니다. 곱해 6이 되는 두 수 (1, 6), (2, 3), (−1, −6), (−2, −3) 중에서 합해 5가 되는 두 수 (2, 3)을 찾습니다. 따라서 $x^2+5x+6=(x+2)(x+3)$와 같이 인수분해할 수 있습니다.

마지막으로 이차방정식 $2x^2-5x-3$은 ⑤공식을 이용해 x의 계수가 1이 아닌 두 일차식의

$$⑤\ \underset{2x^2+}{\underset{\downarrow}{acx^2}}+\underset{\underset{-5x}{\downarrow}}{(ad+bc)x}+\underset{+\,-3}{\underset{\downarrow}{bd}}=(ax+b)(cx+d)$$

곱으로 인수분해할 수 있습니다. $2x^2-5x-3=(ax+b)(cx+d)$이면, $ac=2$, $ad+bc=-5$, $bd=-3$입니다. 여기에서 a와 c는 x의 계수이므로

모두 양수만 생각하고, $ac=2$에서 곱해 2가 되는 두 수는 $(1, 2)$뿐입니다. $bd=-3$에서 곱해 -3이 되는 두 수는 $(1,-3)$와 $(-1, 3)$ 2가지가 있습니다.

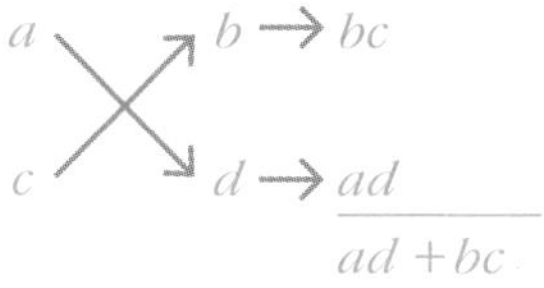

여기서 수를 그림과 같이 a와 c를 왼쪽에 세로로, b와 d를 오른쪽 세로로 나열한 후에 대각선으로 곱해 더하면 $ad+bc$을 계산할 수 있습니다. 각 경우를 이처럼 나열한 후 $ad+bc=-5$가 되는 네 정수 a, b, c, d를 찾습니다.

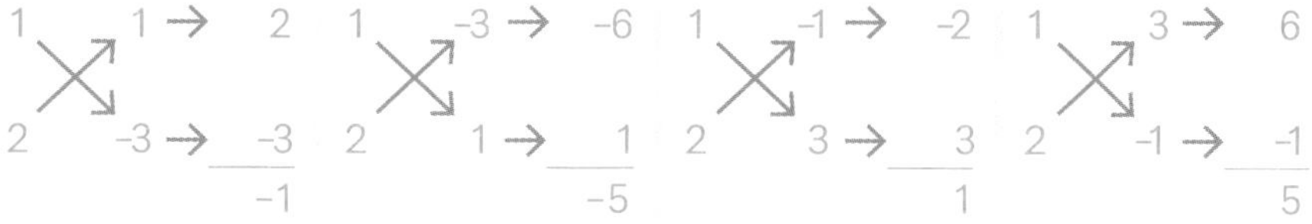

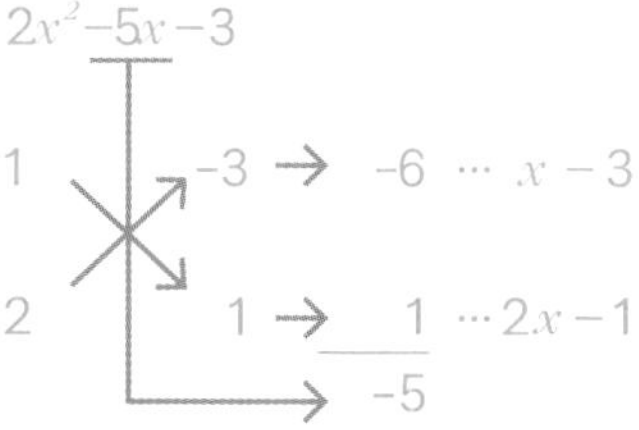

따라서 $a=1, b=-3, c=2, d=1$일 때 $ad+bc=1\times1+(-3)\times2=-5$이므로 $2x^2-5x-3=(x-3)(2x+1)$으로 인수분해할 수 있습니다.

이 방법을 이용하면 아래와 같이 곱셈공식 ④와 ⑤를 모두 인수분해할 수 있습니다.

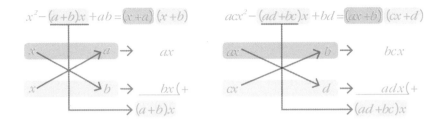

$$x^2 - (a+b)x + ab = (x+a)(x+b)$$

$$acx^2 - (ad+bc)x + bd = (ax+b)(cx+d)$$

다항식의 곱셈과 인수분해는 다음 단원인 이차방정식과 이차함수를 해결하는 데 중요한 기초가 되므로 원리를 충분히 이해하고 빠르고 정확하게 계산할 수 있도록 연습해야 합니다.

우리가 알아야 할 것

- 분배법칙을 이용해 다항식과 다항식의 곱셈을 하나의 다항식으로 표현하는 것을 전개라고 합니다.
- 하나의 다항식을 2개 이상의 다항식의 곱으로 나타내는 것을 인수분해라고 합니다.
- 곱셈공식 5가지: ① $(a+b)^2=a^2+2ab+b^2$ ② $(a-b)^2=a^2-2ab+b^2$ ③ $(a+b)(a-b)=a^2-b^2$ ④ $(x+a)(x+b)=x^2+(a+b)x+ab$ ⑤ $(ax+b)(cx+d)=acx^2+(ad+bc)x+bd$
- 전개와 인수분해는 서로 반대의 과정이므로 곱셈공식에서 좌변과 우변을 바꾸면 인수분해공식이 됩니다.

이차방정식

무슨 의미냐면요

. . .

이차방정식은 우변의 모든 항을 이항했을 때, 좌변이 이차식이 되는 $ax^2+bx+c=0\,(a\neq0)$ 꼴의 방정식입니다. 인수분해와 제곱근을 이용해 이차방정식을 풀어 다양한 실생활의 문제를 해결할 수 있습니다.

좀 더 설명하면 이렇습니다

. . .

등식에서 우변의 모든 항을 이항해 우변을 0으로 만들었을 때 '(x에 관한 식)$=0$'의 꼴로 정리해 방정식을 구분할 수 있습니다. 이때 좌변이 x에 관한 일차식이면 $ax+b=0\,(a\neq0)$의 꼴로 나타내어지고, 이를 일차방정식이라고 합니다. 마찬가지로 좌변이 x에 관한 이차식이면 $ax^2+bx+c=0(a\neq0)$의 꼴로 나타내어지고, 이를 이차방정식이라고 합니다.

예를 들어 $3x^2-5x=0$와 $x^2-4=0$은 이차방정식이고, $x+7=0$와 $x^2+2x+3=x^2$은 이차방정식이 아닙니다. 특히 $x^2+2x+3=x^2$은 우변의 항을 좌변으로 이항해 정리하면 $2x+3=0$으로 이차항이 없어지므로 일차방정식이 됩니다. 따라서 이차방정식을 찾을 때는 반드시 우변의 모든 항을 좌변으로 이항해 우변을 0으로 만들고 좌변이 이차식이 되는지 확인해야 합니다.

1. 이차방정식과 그 해

등호를 사용한 식을 등식이라고 하고, 등식은 방정식과 항등식으로 구분됩니다. 항등식은 항상 참이 되는 등식이고, 방정식은 미지수의 값에 따라 참이 되기도 하고 거짓이 되기도 하는 등식입니다. 이때 방정식이 참이 되게 하는 미지수의 값을 방정식의 해 또는 근이라고 합니다. 일차방정식 $3x+6=0$의 해는 $x=-2$로, 식에 대입하면 $3\times(-2)+6=0$으로 등호가 성립합니다.

마찬가지로 이차방정식 $ax^2+bx+c=0(a\neq0)$을 참이 되게 하는 미지수 x의 값을 이차방정식의 해 또는 근이라고 합니다. 또한 이차방정식의 해를 모두 구하는 것을 "이차방정식을 푼다."라고 합니다.

예를 들어 x의 값이 $-1, 0, 1$일 때, 이차방정식 $x^2-2x=0$을 풀어 봅시다. 좌변의 값은 x의 값에 따라 다음과 같습니다.

$x=-1$일 때, $(-1)^2-2\times(-1)=3$

$x=0$일 때, $0^2-2\times0=0$

$x=1$일 때, $1^2-2\times1=-1$

$x=0$일 때 (좌변)과 (우변)이 0으로 같아집니다. 따라서 구하는 해는 $x=0$입니다.

이 문제에서 주어진 x의 값이 -1, 0, 1이므로 이차방정식의 해는 반드시 주어진 x의 범위 안에서 찾아야 합니다. 실제로 $x=2$일 때, 좌변이 $2^2-2\times2=0$으로 방정식이 참이 되지만 x의 값의 범위 안에 2가 포함되지 않으므로 $x=2$는 방정식의 해가 되지 않습니다.

하지만 문제에서 미지수 x에 대한 특별한 말이 없을 때는 x의 값의 범위를 실수 전체로 생각하고 실수 범위의 모든 해를 구합니다. 이때 이차방정식 $x^2-2x=0$의 해는 $x=0$ 또는 $x=2$가 됩니다.

2. 이차방정식의 풀이

(1) 인수분해를 이용한 이차방정식의 풀이

두 수 또는 두 식 A, B에 대해, $AB=0$이면 $A=0$ 또는 $B=0$입니다. 이는 ① $A=0$이고 $B\neq0$인 경우, ② $A\neq0$이고 $B=0$인 경우, ③ $A=0$이고 $B=0$인 경우, 이렇게 3가지 경우 중 하나가 성립함을 의미합니다. 반대로 앞의 3가지 경우에는 모두 $AB=0$이므로 $A=0$ 또는 $B=0$이면 $AB=0$입니다.

이 성질을 이차방정식 $ax^2+bx+c=0(a\neq0)$에 적용해 봅시다. 이차방정식의 좌변을 두 일차식의 곱으로 인수분해해 $AB=0$의 형태로 만들면, $A=0$ 또는 $B=0$임을 이용해 해를 구할 수 있습니다.

예를 들어 이차방정식 $x^2+x-6=0$의 좌변을 인수분해하면 $(x+3)$ $(x-2)=0$입니다. 그러면 $x+3=0$ 또는 $x-2=0$이므로 이차방정식의 해는 $x=-3$ 또는 $x=2$입니다.

이차방정식 $x^2-2x+1=0$과 같이 좌변이 완전제곱식이 되어 $(x-1)^2$ $=0$의 형태로 인수분해되면 $(x-1)(x-1)=0$으로 이해할 수 있습니다. 그러면 이차방정식의 해는 $x=1$ 또는 $x=1$이므로 두 근이 서로 같게 됩니다. 이렇게 두 근이 중복되어 서로 같을 때, 이 근 $x=1$을 이차방정식의 중근이라고 합니다.

이처럼 이차방정식의 좌변이 완전제곱식이 되어 $(ax+b)^2=0$의 꼴로 나타낼 수 있는 이차방정식은 해가 서로 중복되어 하나의 중근을 갖습니다. 따라서 이차방정식 $x^2+ax+b=0$이 중근을 가지려면 x^2+ax+b이 완전제곱식이어야 하므로 상수항 $b=(\frac{a}{2})^2$이어야 합니다.

(2) 제곱근을 이용한 이차방정식의 풀이

어떤 수 x를 제곱해 a가 될 때, x를 a의 제곱근이라고 합니다. a의 제곱근은 양의 제곱근 $\sqrt{a}$와 음의 제곱근 $-\sqrt{a}$가 있고, 간단하게 $\pm\sqrt{a}$으로 나타낼 수 있습니다. 즉 $x^2=a$이면 $x=\pm\sqrt{a}$입니다.

일차항이 없는 이차방정식 $ax^2+c=0(a\neq0)$ 꼴의 경우에는 $x^2=q(q\geq0)$의 꼴로 고친 다음 q의 제곱근을 이용해 풀면, $x=\pm\sqrt{q}$입니다.

예를 들어 이차방정식 $3x^2-5=0$을 풀어 봅시다. 좌변의 -5를 우변으로 이항하면 $3x^2=5$이고, 양변을 x^2의 계수 3으로 나누면 $x^2=\dfrac{5}{3}$입니다. 제곱근에 의해 $x=\pm\sqrt{\dfrac{5}{3}}$입니다. 이때 분모와 분자에 $\sqrt{3}$을 곱해 분모를 유리화하면 $x=\pm\sqrt{\dfrac{5}{3}}=\pm\dfrac{\sqrt{15}}{3}$입니다.

일차항이 있는 이차방정식에서도 '(완전제곱식)=(수)'의 꼴의 경우, 제곱근을 이용해 해를 구할 수 있습니다. 즉 $(x-p)^2=q\,(q\geq0)$이면 $(x-p)$를 한 문자로 보고 $x-p=\pm\sqrt{q}$으로 나타낼 수 있고 $-p$를 이항해 정리하면, $x=p\pm\sqrt{q}$입니다. 이때 $p\pm\sqrt{q}$는 $p+\sqrt{q}$ 또는 $p-\sqrt{q}$를 한꺼번에 나타낸 것입니다.

예를 들어 이차방정식 $(2x+1)^2=10$을 풀어 봅시다. $2x+1$을 한 문자로 보고 제곱근을 이용해 $2x+1=\pm\sqrt{10}$으로 나타낼 수 있습니다. 좌변의 상수항 1을 우변으로 이항하면 $2x=-1\pm\sqrt{10}$이고, 양변을 x의 계수 2로 나누면 $x=\dfrac{-1\pm\sqrt{10}}{2}$입니다.

이차방정식에서 좌변을 인수분해하기 어려울 때 완전제곱식을 만들어 주기만 하면 같은 방식으로 해를 구할 수 있습니다.

예를 들어 이차방정식 $x^2+4x+1=0$을 풀어 봅시다. 좌변의 상수항 1을 우변으로 이항하면 $x^2+4x=-1$. 좌변을 완전제곱식으로 만들기 위해 $\left(\dfrac{x의\ 계수}{2}\right)^2$인 $\left(\dfrac{4}{2}\right)^2=4$를 양변에 더하면 $x^2+4x+4=-1+4$, 즉 $(x+2)^2=3$입니다. 이제 위 풀이 과정과 같은 방식으로 해를 구해 줍니다. $(x+2)$을 한 문자로 보고 제곱근을 이용하면 $x+2=\pm\sqrt{3}$이고, 좌변의 상수항 2를 이항하면 $x=-2\pm\sqrt{3}$입니다.

이차방정식 $x^2=q$ 또는 $(x-p)^2=q$의 형태일 때, 우변 q의 부호에 따라 근의 개수는 달라집니다. $q>0$이면 이차방정식의 해는 각각 $\pm\sqrt{q}$ 또는 $p\pm\sqrt{q}$ 으로 두 근을 갖습니다. $q=0$이면 이차방정식의 해는 각각 0 또는 p로 1개의 중근을 갖습니다. 그리고 $q<0$이면 근호 안이 음수가 되므로 실수 범위에서는 해가 없습니다.

(2) 근의 공식을 이용한 이차방정식의 풀이

이차방정식 $ax^2+bx+c=0(a\neq0)$을 완전제곱식을 이용해 근을 구해 봅시다.

① x^2의 계수로 양변을 나누어 x^2의 계수를 1로 만든다.

➡ $x^2+\dfrac{b}{a}x+\dfrac{c}{a}=0$

② 상수항을 우변으로 이항한다.

➡ $x^2+\dfrac{b}{a}x=-\dfrac{c}{a}$

③ 양변에 $\left(\dfrac{x의\ 계수}{2}\right)^2$을 더한다.

➡ $x^2+\dfrac{b}{a}x+\left(\dfrac{b}{2a}\right)^2=-\dfrac{c}{a}+\left(\dfrac{b}{2a}\right)^2$

④ 좌변을 완전제곱식으로 고친다.

➡ $\left(x+\dfrac{b}{2a}\right)^2=\dfrac{b^2-4ac}{4a^2}$

⑤ 제곱근을 구한다.

➡ $x + \dfrac{b}{2a} = \pm \sqrt{\dfrac{b^2 - 4ac}{4a^2}}$ (단, $b^2 - 4ac \geq 0$)

⑥ 이차방정식의 근을 구한다.

➡ $x = -\dfrac{b}{2a} \pm \sqrt{\dfrac{b^2 - 4ac}{4a^2}} = \dfrac{-b \pm \sqrt{b^2 - 4ac}}{2a}$

이차방정식 $ax^2 + bx + c = 0 (a \neq 0)$의 근을 구하는 식을 상수 a, b, c를 이용해 나타내면 $x = \dfrac{-b \pm \sqrt{b^2 - 4ac}}{2a}$ (단, $b^2 - 4ac \geq 0$)입니다. 이 식을 근의 공식이라고 합니다.

예를 들어 이차방정식 $2x^2 - 3x - 5 = 0$을 근의 공식을 이용해 풀어 봅시다. 근의 공식에서 $a = 2, b = -3, c = -5$을 대입하면 다음과 같습니다.

$$x = \dfrac{-(-3) \pm \sqrt{(-3)^2 - 4 \times 2 \times (-5)}}{2 \times 2}$$

$$= \dfrac{3 \pm \sqrt{9 + 40}}{4} = \dfrac{3 \pm \sqrt{49}}{4} = \dfrac{3 \pm 7}{4}$$

따라서 $x = \dfrac{5}{2}$ 또는 -1입니다.

복잡한 이차방정식을 풀 때 괄호가 있는 경우에는 분배법칙이나 곱셈 공식 등을 이용해 괄호를 풀어 정리하고, 계수에 분수 또는 소수가 있는 경우에는 양변에 적당한 수를 곱해 모든 계수를 정수로 바꾸어 푸는 것이 편리합니다. 또한 이차방정식이 인수분해가 되는 경우에는 인수분해를 이용해 풀고, 인수분해가 되지 않는 경우에만 근의 공식을 이용해 푸는 것이 좋습니다.

예를 들어 이차방정식 $\dfrac{x(x-1)}{20}=0.01(3x^2+x+3)$을 풀어 봅시다. 양변에 100을 곱해 각 계수를 정수로 만들면 $5x(x-1)=3x^2+x+3$입니다. 우변의 모든 항을 좌변으로 이항하고 식을 정리하면 $2x^2-6x-3=0$입니다. 좌변이 인수분해가 안 되므로 근의 공식에서 $a=2$, $b=-6$, $c=-3$을 대입하면, $x=\dfrac{-(-6)\pm\sqrt{(-6)^2-4\times2\times(-3)}}{2\times2}=\dfrac{6\pm\sqrt{60}}{4}=\dfrac{6\pm2\sqrt{15}}{4}$ $=\dfrac{3\pm\sqrt{15}}{2}$ 입니다.

지금까지 학습한 대로 이차방정식은 인수분해와 완전제곱식 그리고 근의 공식, 3가지 방법으로 해를 구할 수 있습니다. 이를 이용하면 실생활에서도 이차방정식과 관련한 다양한 문제를 해결할 수 있습니다.

(3) 이차방정식의 활용

이차방정식의 활용 문제에서는 다음과 같은 순서로 풀도록 합니다.

① 문제의 뜻을 파악하고, 미지수 x를 결정한다.

② 수량 사이의 관계를 찾아 이차방정식으로 나타낸다.

③ 이차방정식을 풀어 해를 구한다.

④ 구한 해가 문제의 뜻에 맞는지 확인한다.

(문제의 답을 구할 때는 반드시 단위를 함께 쓰도록 한다.)

중학 과정의 이차방정식은 근호 안이 양수가 되는 범위, 즉 실수 범위

내에서만 해를 구했습니다. 그리고 고등학교 1학년에서 근호 안이 음수가 되는 범위, 즉 허수를 포함한 복소수 범위를 배우며 지금보다 더 넓은 범위에서의 이차방정식을 다루게 됩니다. 그 범위만 다를 뿐 원리와 풀이 방법은 거의 유사하기 때문에 중학교 3학년에서의 이차방정식이 고등 수학에서 중요한 기초가 된다고 할 수 있습니다.

또한 이차방정식은 이후 단원인 이차함수에서도 밀접한 관계가 있습니다. 또 이차함수의 그래프상에서 이차방정식의 관계에 대해 자세히 다루는 내용이 중학교 3학년에 이어 고등학교 과정까지 이어져 학습하게 되므로 다양한 문제를 풀며 확실하게 개념을 이해하는 것이 매우 중요합니다.

● ● ●　　　우리가 알아야 할 것　　　＋

- 이차방정식은 $ax^2+bx+c=0(a, b, c$는 상수, $a≠0)$의 꼴로 나타낼 수 있습니다.
- 이차방정식의 좌변을 인수분해하면, $AB=0$이면 $A=0$ 또는 $B=0$임을 이용해 해를 구할 수 있습니다.
- 이차방정식의 좌변에 완전제곱식을 만들어 $(x-p)^2=q(q≥0)$ 꼴로 정리한 후, 제곱근을 이용해 해를 구하면 $x=p±\sqrt{q}$ 입니다.
- 이차방정식 $ax^2+bx+c=0(a≠0)$의 근의 공식은 $x=\dfrac{-b±\sqrt{b^2-4ac}}{2a}$ (단, $b^2-4ac≥0)$입니다.
- 이차방정식을 풀 때, 인수분해가 되면 인수분해를 이용해 풀고, 인수분해가 되지 않으면 근의 공식을 이용해 푸는 것이 편리합니다.

PART 3

함수

규칙성에서 시작된 함수

· · ·

초등 과정에서는 두 대상의 규칙성을 찾고, 두 수 사이의 대응 관계를 □, △ 등을 사용해 식으로 세웠습니다. □=△×2와 같이 △가 변함에 따라 □의 값이 변하는 관계를, 중등 과정에서는 함수라고 합니다.

규칙성은 실생활에서 규칙이 있는 여러 가지 현상을 탐구하는 데 중요한 함수 개념의 기초가 됩니다. 또한 함수는 식으로 나타낼 때보다 시각적인 이미지인 그래프로 표현할 때 함수의 성질과 그 특성을 쉽게 이해하고 설명할 수 있습니다.

좀 더 설명하면 이렇습니다

...

함수는 마치 하나의 버튼을 누르면 반드시 그에 대응되는 상품 하나가 나오는 자판기와 같이 x의 값에 따라 y의 값이 하나씩 정해지는 대응 관계입니다. 그리고 그래프는 변화하는 양 사이의 관계를 시각적으로 표현하는 도구로 이용되어, x의 값에 따라 y의 값이 증가하거나 감소하는 등의 변화를 쉽게 파악할 수 있습니다.

초등 과정에서는 규칙성을 찾고 이를 식으로 세워 비와 비율, 비례식을 사용해 조건에 맞는 수를 찾았습니다. 중등 과정에서는 일차함수와 이차함수의 식과 그래프에 대해 학습하고, 이어 고등 과정에서는 확장된 함수의 정의와 분류, 이차함수에 관해 자세히 다룹니다.

1. 좌표평면과 그래프

모든 실수는 수직선 위의 한 점에 각각 대응시킬 수 있고, 각 점에 대응하는 수를 좌표라고 합니다. 두 수직선이 원점에서 수직으로 만날 때, 가로의 수직선을 x축, 세로의 수직선을 y축이라고 합니다.

지도에서 위도와 경도를 이용해 정확한 위치를 나타내는 것처럼, 좌표평면 위에 변수(변하는 수) x, y의 좌표를 순서쌍 (x, y)을 이용해 표현합니다. 이처럼 서로 관계가 있는 두 변수 x, y의 좌표를 좌표평면 위에 모두 나타낸 것을 그래프라고 합니다. 그래프는 점, 직선, 곡선 등으로 나타낼 수 있고 증가와 감소 같은 두 변수 사이의 관계를 쉽게 알아볼 수 있습니다.

y가 x에 정비례하면 그 관계식은 $y=ax$ $(a \neq 0)$로 나타내어지고 그 그래프는 원점을 지나는 직선입니다. 또한 y가 x에 반비례하면 그 관계식은 $y = \dfrac{a}{x}$ $(a \neq 0)$로 나타낼 수 있고 그 그래프는 원점에 대해 대칭인 두 곡선입니다. 일반적으로 정비례와 반비례 관계 모두 x의 값이 정해짐에 따라 y의 값이 오직 하나씩 정해지므로 y는 x의 함수입니다.

2. 일차함수($y=ax+b$)의 그래프

$y=ax+b$ $(a \neq 0)$와 같이 y가 x에 대한 일차식으로 나타내어질 때, 이 함수 y를 x에 대한 일차함수라고 합니다. $b=0$이면 $y=ax$인 정비례 관계가 되므로 정비례 관계도 일차함수라고 할 수 있습니다. $y=ax$의 그래프를 y축 방향으로 $+b$만큼 평행(하게)이동하면 $y=ax+b$의 그래프가 됩니다. 따라서 일차함수 $y=ax+b$의 그래프는 기울기가 a이고, y절편이 b인 직선입니다.

3. 일차함수($y=ax+b$)와 일차방정식($ax+by+c=0$)의 관계

일차방정식 $ax+by+c=0$ $(a \neq 0, \; b \neq 0)$을 y에 대해 정리하면 $y = -\dfrac{a}{b}x - \dfrac{c}{b}$와 같은 일차함수 식이 됩니다. 즉 일차방정식과 일차함수는 표현 방법만 다를 뿐 같은 식으로 이해할 수 있습니다. 따라서 일차방정식과 일차함수를 만족시키는 점 (x, y)는 일치하게 되므로 두 식의 그래프는 서로 같습니다.

연립방정식 $\begin{cases} ax+by+c=0 \\ a'x+b'y+c'=0 \end{cases}$ 의 해는 두 일차방정식 $ax+by+c$ $=0$과 $a'x+b'y+c'=0$의 그래프(직선)의 교점의 좌표와 같습니다.

일차함수의 그래프를 포함한 모든 직선을 나타내는 식을 직선의 방정식이라고 하고, 직선의 방정식은 고등 과정에서 다양한 성질을 추가해 학습하게 됩니다.

4. 이차함수($y=ax^2+bx+c$)의 그래프

$y=ax^2+bx+c\,(a\neq0)$와 같이 y가 x에 대한 이차식으로 나타내어질 때, 이 함수 y를 x에 대한 이차함수라고 합니다. 이차함수의 그래프는 매끄러운 곡선의 포물선이고, 꼭짓점을 지나는 축을 중심으로 좌우 대칭입니다. 일반적으로 이차함수 $y=ax^2+bx+c\,(a\neq0)$의 그래프는 원점을 꼭짓점으로 갖는 이차함수 $y=ax^2$을 평행이동한 포물선이 됩니다. 이때 a는 포물선의 볼록한 방향과 너비를, b는 이차함수의 축의 방정식(꼭짓점의 x값)의 위치를 결정하고, c는 y절편(y축과 만나는 점의 y좌표)이 됩니다.

원점을 꼭짓점으로 갖는 이차함수 $y=ax^2$의 그래프를 x축 방향으로 p만큼, y축 방향으로 q만큼 평행이동하면 꼭짓점이 (p, q)인 이차함수 $y=a(x-p)^2+q$의 그래프가 되고, 이 식을 전개하면 $y=ax^2+bx+c$의 꼴로 표현할 수 있습니다.

중학교 3학년부터는 수의 범위가 실수로 확장되어 특별한 말이 없으면 x의 값의 범위는 실수 전체로 생각할 수 있습니다.

고등학교 1학년에서는 이차방정식과 이차함수에 관해 심도 있게 학습하고, 함수에 대한 정의와 그 연산법, 그리고 분수로 표현되는 유리함수와 근호를 사용한 무리함수 등 새로운 함수에 대해 학습하게 됩니다. 그러므로 입문과 기초가 되는 중등 과정의 함수를 좀 더 꼼꼼하게 학습해 두는 것이 중요합니다.

우리가 알아야 할 것 +

- 두 수직선이 원점에서 수직으로 만나 생기는 좌표평면 위에 변수 x와 y의 좌표를 순서쌍 (x, y)을 이용해 표현합니다.
- 그래프는 변화하는 양 사이의 관계를 시각적으로 표현하는 도구로 x의 값에 따른 y의 값의 변화를 쉽게 파악할 수 있습니다.
- 함수는 하나의 x의 값에 대해 y의 값이 오직 하나씩 정해지는 대응 관계입니다.
- $y=ax+b\,(a \neq 0)$와 같이 $y=(x$에 대한 일차식$)$으로 나타내어질 때, 이 함수 y를 x에 대한 일차함수라고 하고, 그래프는 직선입니다.
- 일차함수$(y=ax+b)$와 일차방정식$(ax+by+c=0)$은 표현 방법만 다를 뿐 같은 식으로 이해할 수 있습니다.
- 연립방정식 $\begin{cases} ax+by+c=0 \\ a'x+b'y+c'=0 \end{cases}$ 의 해는 두 일차방정식 $ax+by+c=0$와 $a'x+b'y+c'=0$의 그래프(직선)의 교점의 좌표와 같습니다.
- $y=ax^2+bx+c\,(a \neq 0)$와 같이 $y=(x$에 대한 이차식$)$으로 나타내어질 때, 이 함수 y를 x에 대한 이차함수라고 하고, 그래프는 포물선 모양입니다.

좌표평면과 그래프

무슨 의미냐면요

. . .

지도에서 서울의 위치를 나타낼 때, 위도를 북위 37도, 경도를 127도 정도라고 합니다. 이처럼 두 수직선이 서로 수직으로 만나 각각 위도와 경도를 대신해 점의 위치를 정확하게 표현할 수 있는 공간을 좌표평면이라고 합니다. 좌표평면 위에 그려진 점과 직선, 곡선은 그래프라고 부르고, 이를 방정식으로 표현하거나 다양한 방법으로 해석할 수 있습니다.

좀 더 설명하면 이렇습니다

• • •

수직선은 실수에 대응하는 점들로 완전히 메울 수 있습니다. 즉 모든 실수는 수직선 위의 한 점에 각각 대응됩니다. 이처럼 수직선 위의 한 점에 대응하는 수를 그 점의 좌표라고 합니다. 예를 들어 수직선에서 점 P에 대응하는 수가 3이면 점 P의 좌표는 3이고, 기호로 $P(3)$와 같이 나타냅니다.

1. 순서쌍과 좌표

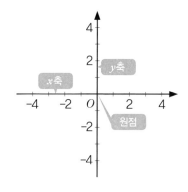

두 수직선이 점 O에서 수직으로 만나서 생기는 평면을 좌표평면이라고 합니다. 두 수직선을 좌표축이라고하고 가로의 수직선을 x축, 세로의 수직선을 y축, 두 좌표축이 만나는 점 O를 원점이라고 합니다. 수직선 위에 있는 한 점의 좌표를 표현하기 위해서는 1개의 수만 필요했다면, 2개의 수직선이 만나 생긴 좌표평면 위에 있는 점의 좌표를 표현하기 위해서는 2개의 수가 필요합니다.

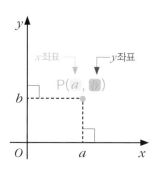

좌표평면 위의 한 점 P에서 x축, y축에 각각 수선(수직인 선분)을 그어 x축, y축과 만나는 점에 대응하는 수가 각각 a, b일 때, 순서쌍 (a, b)를 점 P의 좌표라고 하고, 기호로 $P(a, b)$와 같이 나타냅니다.

이때 a를 점 P의 x좌표, b를 점 P의 y좌표라고 합니다. 원점 O의 좌표는 $(0, 0)$이고, x축 위의 점의 좌표는 y좌표가 항상 0으로 (x좌표, 0), y축 위의 점의 좌표는 x좌표가 항상 0으로 (y좌표, 0)입니다.

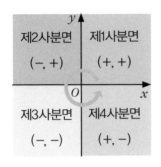

두 수직선에 의해 잘려진 좌표평면은 네 부분으로 나누어지는데 각 부분을 제1사분면, 제2사분면, 제3사분면, 제4사분면이라고 합니다. 단, 좌표축(x축, y축) 위의 점은 어느 사분면에도 속하지 않습니다.

각 사분면의 부호를 살펴보면, 제1, 2사분면 위의 점들은 모두 $y>0$이고, 제3, 4사분면 위의 점들은 $y<0$입니다. 또한 제1, 4사분면 위의 점들은 모두 $x>0$, 제2, 3사분면 위의 점들은 모두 $x<0$입니다. 따라서 각 사분면 위의 점의 좌표의 부호는 제1사분면이 (+, +), 제2사분면이 (−, +), 제3사분면이 (−, −), 제4사분면이 (+, −) 입니다.

2. 그래프

x, y와 같이 여러 가지로 변하는 값을 나타내는 문자를 변수라고 하고, 변하지 않고 항상 일정한(고정된) 값을 갖는 수 또는 문자를 상수라고 합니다. 서로 관계가 있는 두 변수 x, y의 순서쌍 (x, y)을 좌표로 하는 점을 좌표평면 위에 모두 나타낸 것을 그래프라고 합니다. 따라서 변수 x에 따른 순서쌍의 개수가 유한개이면, 그래프의 점의 개수도 그와 같게 나타납니다.

다음은 각 그래프의 모양에 따른 해석 방법입니다. 그래프를 해석할 때는 항상 x의 값이 증가하는 기준으로 y의 값의 변화를 살펴봅니다.

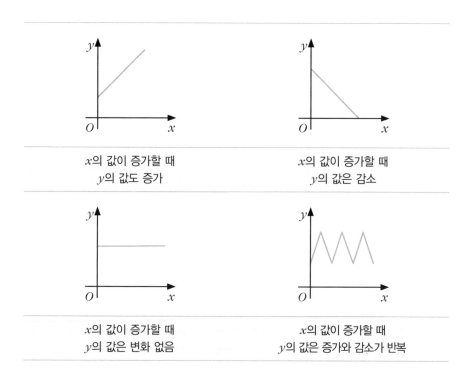

x의 값이 증가할 때
y의 값도 증가

x의 값이 증가할 때
y의 값은 감소

x의 값이 증가할 때
y의 값은 변화 없음

x의 값이 증가할 때
y의 값은 증가와 감소가 반복

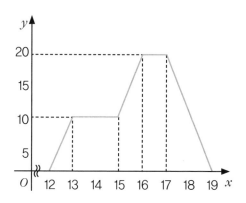

왼쪽 그림은 민호가 집에서 출발해 친구들과 자전거를 타고 학교에 다녀왔을 때 오후 12시부터 오후 7시까지의 상황을 그래프로 나타낸 것입니다. x시에 민호가 집으로부터

떨어진 거리를 y km라고 할 때, 알 수 있는 사실을 정리해 봅시다.

① 처음 1시간 동안 집에서 10km 떨어진 지점까지 갔습니다.

② 중간에 2시간 동안 멈춘 뒤, 다시 1시간 동안 10km를 더 이동해 오후 4시에 는 20km 지점(학교)에 도착했습니다.

③ 1시간 동안 학교에 머문 뒤, 오후 5시에 출발해 집까지 2시간 동안 20km를 이동해 오후 7시에 도착했습니다.

다음 3가지 모양의 비커가 있습니다. 일정한 속도로 물을 부을 때 시간에 따른 물의 높이 변화를 그래프로 그리면 다음과 같습니다. (x축: 시간, y축: 물의 높이)

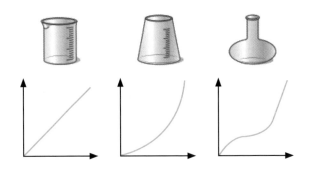

이처럼 다양한 상황에서 그래프를 활용하는 이유는 그래프가 점, 직선, 곡선 등의 그림으로 표현되므로, 두 변수 사이의 관계(증가와 감소, 주기적인 변화 등)를 시각적으로 한눈에 알아보기 쉽기 때문입니다. 그래프가

주어진 경우 다양한 방법으로 그래프를 해석할 수 있고, 반대로 상황에 따른 그래프를 그릴 수 있습니다.

정비례와
반비례

· · ·

x의 값이 2배, 3배, 4배, …가 됨에 따라 y의 값이 같은 비율로 2배, 3배, 4배, …가 되면 x와 y는 정비례 관계이고, y의 값이 $\frac{1}{2}$배, $\frac{1}{3}$배, $\frac{1}{4}$배, …처럼 역수로 비례하게 되면 x와 y는 반비례 관계입니다.

· · ·

1. 정비례 관계: $y=ax$ $(a \neq 0)$

한 상자에 4개의 사탕이 들어 있는 경우를 생각해 봅시다. 상자가 1개이면 사탕은 4개이고, 상자가 2개이면 사탕은 4×2개입니다. 상자가 x개라면 사탕의 수 y는 4×x이 됩니다.

이처럼 두 변수 x, y에 대해 x의 값이 2배, 3배, 4배, …로 변함에 따라 y의 값도 2배, 3배, 4배, …로 변하는 관계가 있을 때, y는 x에 정비례한다고 합니다. ① x와 y의 정비례 관계식은 $y=ax\,(a\neq0)$이고, ② x에 대한 y의 비 $\dfrac{y}{x}$의 값은 항상 a로 일정합니다.

예를 들어 같은 종류의 구슬 5개의 무게가 100g입니다. 이 구슬 x개의 무게를 yg이라고 할 때, x와 y 사이의 관계식을 구해 봅시다.

먼저 x의 값이 2배, 3배, …로 변함에 따라 y의 값도 2배, 3배, …로 변하므로 y가 x에 정비례 관계임을 알 수 있습니다. 그러면 다음 3가지 방법 중 하나를 이용할 수 있습니다.

① 관계식 $y=ax\,(a\neq0)$에 $(5, 100)$을 대입하면 $100=5a$, 즉 $a=20$.

② $a=\dfrac{y}{x}$임을 이용하면 $a=\dfrac{y}{x}=\dfrac{100}{5}=20$.

③ 정비례 관계의 성질에 의해 $x=1$일 때 $y=a$이므로 구슬 1개의 무게는 $100\div5=20$g.

따라서 $a=20$이고, x와 y 사이의 관계식은 $y=20x$입니다.

이처럼 정비례 관계식 $y=ax$에서 a의 값은 주어진 (x, y)의 값을 대입해 구하거나 일정한 $\dfrac{y}{x}$의 값이나 $x=1$일 때의 y의 값으로 쉽게 구할 수 있습니다.

이제 $y=2x$의 그래프의 모양을 살펴봅시다. 다음은 x의 범위에 따라 각각의 그래프를 그린 것입니다.

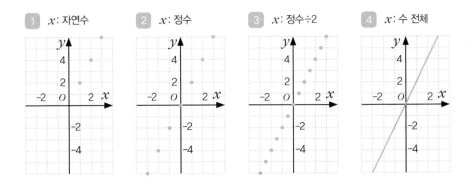

x의 값의 간격을 점점 작게 하면 그 그래프의 점들은 더욱 촘촘해지며 직선에 가까운 형태가 되고, 이를 계속하면 원점 O를 지나는 직선이 됩니다.

x값의 범위가 수 전체일 때 정비례 관계 $y=ax\,(a\neq0)$의 그래프는 항상 원점을 지나는 직선입니다.

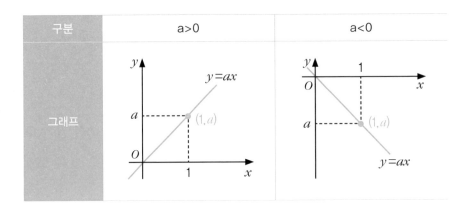

그래프의 모양	오른쪽 위로 향하는 직선	오른쪽 아래로 향하는 직선
지나는 사분면	제1사분면, 제3사분면	제2사분면, 제4사분면
증가·감소	x의 값이 증가하면 y의 값도 증가	x의 값이 증가하면 y의 값은 감소

a의 값에 관계없이 항상 점 $(1, a)$를 지나고, a의 절댓값($|a|$)이 클수록 y축에 가깝고 가파르게 기울어진 형태, a의 절댓값이 작을수록 x축에 가깝고 누워 있는 형태의 그래프가 됩니다.

2. 반비례 관계: $y = \dfrac{a}{x}$ $(a \neq 0)$

사탕 12개를 나누어 담는 경우를 생각해 봅시다. 한 봉지에 1개씩 나누어 담으면 12봉지, 2개씩 나누어 담으면 6봉지가 만들어집니다. 즉 한 봉지에 x개씩 나누어 담으면 필요한 봉지의 수는 $\dfrac{12}{x}$가 됩니다.

이처럼 두 변수 x, y에 대해 x의 값이 2배, 3배, 4배, …로 변함에 따라 y의 값은 $\dfrac{1}{2}$배, $\dfrac{1}{3}$배, $\dfrac{1}{4}$배, …로 변하는 관계가 있을 때, y는 x에 반비례한다고 합니다. ① x와 y의 반비례 관계식은 $y = \dfrac{a}{x}(a \neq 0)$이고, ② xy의 값은 항상 a로 일정합니다. 또한 분모 x는 0이 될 수 없으므로 $x=0$인 경우는 생각하지 않습니다.

예를 들어 할머니 댁은 시속 50km의 자동차로 2시간 동안 가면 도착합니다. 자동차의 속력을 시속 x km, 시간을 y시간이라고 할 때, x와 y 사이의 관계식을 구해 봅시다.

먼저 x의 값이 2배, 3배, 4배, …로 변함에 따라 y의 값은 $\dfrac{1}{2}$배, $\dfrac{1}{3}$배,

$\frac{1}{4}$배, …로 변하므로 자동차의 속력 x와 시간 y는 반비례 관계임을 알 수 있습니다. 그러면 다음 3가지 방법 중 하나를 이용할 수 있습니다.

① 관계식 $y=\dfrac{a}{x}$ ($a \neq 0$)에 $(50, 2)$을 대입하면 $2=\dfrac{a}{50}$, 즉 $a=100$.

② $a=xy$임을 이용하면 $a=xy=50 \times 2=100$.

③ 반비례 관계의 성질에 의해 $y=1$일 때 $x=a$이므로 1시간 만에 도착하려면 속력은 2배이어야 하므로 $a=50 \times 2=100$.

따라서 $a=100$이고, x와 y 사이의 관계식은 $y=\dfrac{100}{x}$입니다.

이처럼 반비례 관계식 $y=\dfrac{a}{x}$에서 a의 값은 주어진 (x, y)의 값을 대입해 구하거나 일정한 xy의 값이나 $y=1$일 때의 x의 값으로 쉽게 구할 수 있습니다.

이제 $y=\dfrac{6}{x}$ 의 그래프의 모양을 살펴봅시다. 다음은 x의 범위에 따라 각각의 그래프를 그린 것입니다.

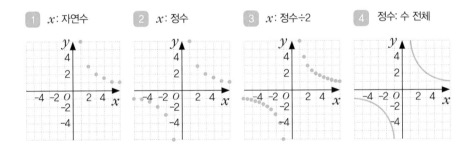

1 x: 자연수　　2 x: 정수　　3 x: 정수÷2　　4 정수: 수 전체

x의 값의 간격을 점점 작게 하면 그래프의 점들은 더욱 촘촘해지며 한 쌍의 매끄러운 곡선에 가까운 형태가 됩니다. 이를 계속하면 좌표축에 가까워지면서 한없이 뻗어 나가는 한 쌍의 매끄러운 곡선이 됩니다.

x값의 범위가 수 전체일 때 반비례 관계 $y=\dfrac{a}{x}$ $(a \neq 0)$의 그래프는 좌표축에 한없이 가까워지는 한 쌍의 매끄러운 곡선입니다.

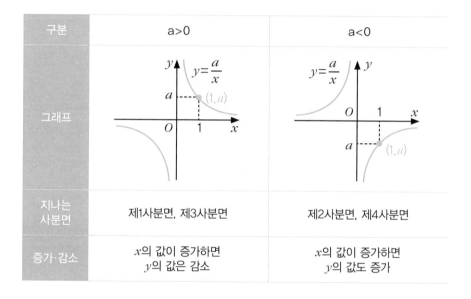

구분	a>0	a<0
그래프		
지나는 사분면	제1사분면, 제3사분면	제2사분면, 제4사분면
증가·감소	x의 값이 증가하면 y의 값은 감소	x의 값이 증가하면 y의 값도 증가

a의 값에 관계없이 항상 점 $(1, a)$를 지나고, a의 절댓값($|a|$)이 클수록 원점에서 멀고, a의 절댓값이 작을수록 원점에 가까운 그래프가 됩니다.

- x의 값이 2배, 3배, 4배, …로 변함에 따라 y의 값도 2배, 3배, 4배, …로 변하는 관계가 있을 때, y는 x에 정비례한다고 합니다.

- x와 y의 정비례 관계식은 $y=ax(a≠0)$이고, 항상 $\dfrac{y}{x}=a$ 입니다. 그래프는 원점을 지나는 직선입니다.

- x의 값이 2배, 3배, 4배, …로 변함에 따라 y의 값은 $\dfrac{1}{2}$배, $\dfrac{1}{3}$배, $\dfrac{1}{4}$배, … 로 변하는 관계가 있을 때, y는 x에 반비례한다고 합니다.

- x와 y의 반비례 관계식은 $y=\dfrac{a}{x}(a≠0)$이고, 항상 $xy=a$입니다. 그래프는 좌 표축에 한없이 가까워지는 한 쌍의 매끄러운 곡선입니다.

중 2-1

일차함수와
그래프

무슨 의미냐면요

...

y가 x의 함수이고, x에 대한 일차식($y=ax+b$)으로 나타내어질 때, 이 함수를 일차함수라고 합니다. 일차함수의 그래프는 직선으로, 정비례 관계의 그래프를 평행하게 이동해 그릴 수 있습니다.

좀 더 설명하면 이렇습니다

...

1. 함수

일반적으로 두 변수 x, y에 대해 x값이 정해짐에 따라 y의 값이 오직 하나씩 정해지는 관계가 있을 때, y는 x의 함수라고 합니다. 이전에 배운 정비례 관계 $y=ax\,(a\neq0)$와 반비례 관계 $y=\dfrac{a}{x}\,(a\neq0,\ x\neq0)$은 함수가 되며, x의 값 하나에 대해 y의 값이 정해지지 않거나 2개 이상 정해지면 y는 x의 함수가 아닙니다.

y는 x의 함수를 기호로 나타내면 $y=f(x)$이고, x의 값에 따라 하나씩 정해지는 y의 값 $f(x)$를 x에 대한 함숫값이라고 합니다. 즉 $f(a)$는 ① $x=a$에서의 함숫값, ② $x=a$에서의 y의 값, ③ $f(x)$에 x 대신 a를 대입한 값으로 이해할 수 있습니다.

예를 들어 함수 $y=2x$와 $f(x)=2x$은 같은 표현이고, 이 함수의 x의 값이 $-1,\ 0,\ 1$일 때, 함숫값은 각각 $f(-1)=2\times(-1)=-2,\ f(0)=2\times0=0,$ $f(1)=2\times1=2$입니다.

또한 정비례와 반비례 관계의 그래프를 그린 것과 같이, 함수 $y=f(x)$에서 x와 그에 따라 정해지는 y의 좌표를 순서쌍 (x,y)로 좌표평면 위에 모두 나타낸 것을 그 함수의 그래프라고 합니다.

2. 일차함수와 그 그래프

일차함수에서 일차는 차수(문자 x가 곱해진 수)가 1이라는 뜻입니다. 간단하게 정리해 보면 a와 b가 상수이고 $a\neq0$일 때, ① $ax+b$은 x에 대한 일차식, ② $ax+b=0$은 x에 대한 일차방정식, ③ $ax+b<0$은 x에 대한 일차부등식, ④ $y=ax+b$은 x에 대한 일차함수입니다.

함수 $y=f(x)$에서 y는 x에 대한 일차식 $y=ax+b\,(a\neq0)$으로 나타내

어질 때, 이 함수를 일차함수라고 합니다. $y=-5x, y=\dfrac{1}{3}x-1$은 일차함수가 되지만, $y=x^2+x+1, y=\dfrac{1}{x}, y=3$처럼 우변이 일차식이 아닌 경우는 일차함수가 아닙니다.

일차함수 $y=ax+b\,(a\neq 0)$에서 $b=0$이면 $y=ax$로 정비례 관계가 되므로, 정비례 관계도 일차함수가 됩니다. 그리고 $y=ax$의 그래프는 원점을 지나는 직선으로, $a>0$이면 오른쪽 위를 향하는 직선, $a<0$이면 오른쪽 아래를 향하는 직선입니다. 이러한 일차함수 $y=ax$의 그래프를 이용하면 일차함수 $y=ax+b$의 그래프를 그릴 수 있습니다.

(1) 평행이동

예를 들어 두 일차함수 $y=2x$와 $y=2x+3$에 대해 각 x의 값에 대응하는 y의 값을 비교해 봅시다.

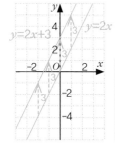

x	⋯	-2	-1	0	1	2	⋯
$y=2x$	⋯	-4	-2	0	2	4	⋯
$y=2x+3$	⋯	-1	1	3	5	7	⋯

즉 일차함수 $y=2x+3$의 그래프는 $y=2x$의 그래프 위의 모든 점을 y축의 방향(위쪽)으로 3만큼 평행하게 이동해 그릴 수 있습니다. 이처럼 한

도형을 일정한 방향으로 일정한 거리만큼 모양 그대로 이동한 것을 평행이동이라고 합니다.

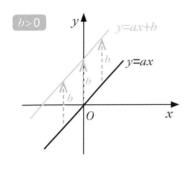

따라서 일차함수 $y=ax+b$의 그래프는 일차함수 $y=ax$의 그래프를 y축의 방향으로 b만큼 평행이동한 직선입니다. 이때 $b>0$이면 y축의 양의 방향(위쪽)으로 b만큼 평행이동하고, $b<0$이면 y축의 음의 방향(아래쪽)으로 b의 절댓값만큼 평행이동합니다.

(2) x절편, y절편

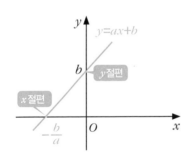

함수의 그래프가 x축과 만나는 점의 x좌표를 x절편, y축과 만나는 점의 y좌표를 y절편이라고 합니다. 즉 일차함수 $y=ax+b$에서 $y=0$일 때 x의 값 $-\dfrac{b}{a}$는 x절편, $x=0$일 때 y의 값 b는 y절편이 됩니다.

예를 들어 일차함수 $y=2x-4$의 그래프에서 x절편과 y절편을 구하면, $y=0$일 때 $0=2x-4$에서 $x=2$이므로 x절편은 2, $x=0$일 때 $y=2\times0-4=-4$이므로 y절편은 -4입니다. 이때 x절편과 y절편은 반드시 2, -4처럼 수로 표현하고, 순서쌍 $(2,0)$, $(0,-4)$ 또는 방정식 $x=2$, $y=-4$로 나타내지 않습니다.

x절편과 y절편을 이용해 일차함수 $y=\dfrac{3}{4}x-3$의 그래프를 그려 봅시다.

① x절편, y절편을 각각 구한다.

➡ $y=0$일 때, $0=\dfrac{3}{4}x-3$이므로 $x=4$이고, $x=0$일 때 $y=\dfrac{3}{4}\times0-3=-3$입니다. 즉 x절편은 4이고, y절편은 -3입니다.

② 좌표평면 위에 좌표축과 만나는 두 점 (x절편, 0)과 (0, y절편)을 나타낸다.

➡ 좌표평면 위에 두 점 (4, 0), (0, -3)을 나타냅니다.

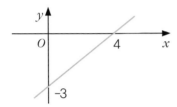

③ 두 점을 직선으로 연결한다.

➡ 두 점 (4, 0)과 (0, -3)을 직선으로 연결합니다.

(3) 기울기

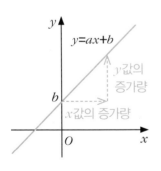

직선이 기울어진 정도를 수치로 표현할 수 있는데, 이를 기울기라고 합니다. 일반적으로 일차함수 $y=ax+b$의 그래프에서 기울기는 x의 값의 증가량에 대한 y의 값의 증가량의 비율로 일차함수의 x의 계수 a와 같고 항상 일정합니다.

$$기울기 = \frac{y의\ 값의\ 증가량}{x의\ 값의\ 증가량} = a$$

이때 x축(가로)에서 x가 증가하는 방향은 오른쪽이고, y축(세로)에서 y가 증가하는 방향은 위쪽입니다.

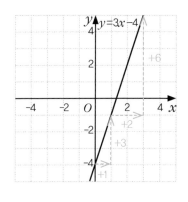

예를 들어 일차함수 $y = 3x - 4$의 그래프에서 기울기는 3이고, $3 = \frac{3}{1} = \frac{6}{2}$으로 나타낼 수 있습니다. 이는 x의 값이 1만큼 증가하면 y의 값이 3만큼 증가하고, x의 값이 2만큼 증가하면 y의 값이 6만큼 증가하며, 그 비율이 일정함을 의미합니다.

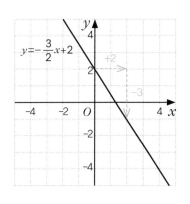

또한 일차함수 $y = -\frac{3}{2}x + 2$ 그래프에서 기울기는 $-\frac{3}{2} = \frac{-3}{2}$이므로, x의 값이 2만큼 증가할 때 y의 값은 3만큼 감소합니다.

반대로 일차함수 그래프를 이용해 기울기를 구할 때는 x좌표와 y의 좌표가 모두 정수인 그래프 위의 두 점을 잡아 x의 값의 증가량이 밑변이 되도록 직각삼각형을 만들어 구하면 편리합니다.

기울기와 y절편을 이용해 일차함수 $y = -4x + 1$의 그래프를 그려 봅시다.

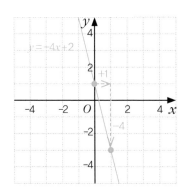

① y절편을 이용해 y축과 만나는 한 점을 좌표평면 위에 나타낸다.

➡ y절편이 1이므로 점 $(0, 1)$을 좌표평면 위에 나타냅니다.

② 기울기를 이용해 그래프가 지나는 다른 한 점을 찾는다.

➡ 그래프의 기울기가 -4이므로 점 $(0, 1)$에서 x의 값이 1만큼, y의 값이 4만큼 감소한 점 $(1, -3)$을 나타냅니다.

③ 두 점을 직선으로 연결한다.

➡ 두 점 $(0, 1)$와 $(1, -3)$을 직선으로 연결합니다.

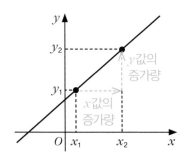

일차함수 $y=ax+b$의 그래프 위의 두 점 (x_1, y_1), (x_2, y_2)에 대해 $y_1=ax_1+b$, $y_2=ax_2+b$이므로 x의 값의 증가량에 대한 y의 값의 증가량의 비율은 다음과 같습니다.

$$\text{기울기} = \frac{y\text{값의 증가량}}{x\text{값의 증가량}} = \frac{y_2-y_1}{x_2-x_1} = \frac{(ax_2+b)-(ax_1+b)}{x_2-x_1} = a$$

이처럼 두 점 (x_1, y_1), (x_2, y_2)을 지나는 일차함수의 그래프에서 기울기를 구할 때는 분모에 x의 증가량(x_2-x_1), 분자에 y의 증가량(y_2-y_1)을 넣어 구할 수 있습니다.

$$기울기 = \frac{y값의\ 증가량}{x값의\ 증가량} = \frac{y_2-y_1}{x_2-x_1}(또는\ \frac{y_1-y_2}{x_1-x_2})$$

두 점을 이용해 기울기를 구할 때, 분모가 x_2-x_1이면 분자는 y_2-y_1으로, 분모가 x_1-x_2이면 분자는 y_1-y_2으로 계산하고, 뺄셈의 순서가 바뀌지 않도록 주의합니다. 예를 들어 두 점 $(-3,\ -6)$, $(2, 4)$을 지나는 직선을 그래프로 하는 일차함수의 기울기는 2이고, $\frac{4-(-6)}{2-(-3)}$ 또는 $\frac{(-6)-4}{(-3)-2}$으로 계산합니다.

3. 일차함수의 그래프의 성질

일차함수 $y=ax+b$의 그래프에서 a는 기울기를, b는 y절편을 의미합니다.

기울기 ――― ――y절편

$y = a\ x + b$

(1) 기울기 a

기울기를 의미하는 a의 부호에 따라 그래프(직선)의 방향이 결정됩니다. ⬛1 $a>0$이면 오른쪽 위로 향하고, ⬛2 $a<0$이면 오른쪽 아래로 향합니다.

이때 a의 절댓값이 클수록 그래프는 가파르게 증가해 y축에 가깝고, a의 절댓값이 작을수록 그래프는 점점 누워 x축에 가깝습니다.

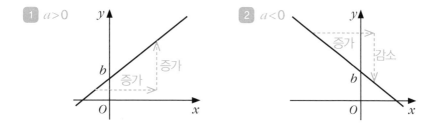

그래프에서 기울기가 양수인지 음수인지를 확인할 때는 그래프를 오른쪽 방향으로 따라 그을 때 그래프가 위쪽으로 올라가면 양수, 아래쪽으로 내려가면 음수입니다.

일반적으로 그래프의 방향은 x가 증가할 때 y의 증가 또는 감소로 결정되기 때문에 그래프를 오른쪽 방향으로 따라 그을 때 위(↗), 아래(↘) 방향의 움직임을 확인합니다.

(2) y절편 b

y절편을 의미하는 b의 부호에 따라 그래프가 y축과 만나는 위치가 결정됩니다. $b>0$이면 y축과 양의 부분에서 만나고, $b<0$이면 y축과 음의 부분에서 만납니다. 그리고 $b=0$이면 y축과 원점에서 만나므로 정비례 관계 $y=ax$의 그래프와 같습니다.

따라서 일차함수 $y=ax+b$의 각 계수(a, b)의 부호를 알면, 다음과 같이 그래프의 모양과 지나는 사분면을 예상할 수 있습니다.

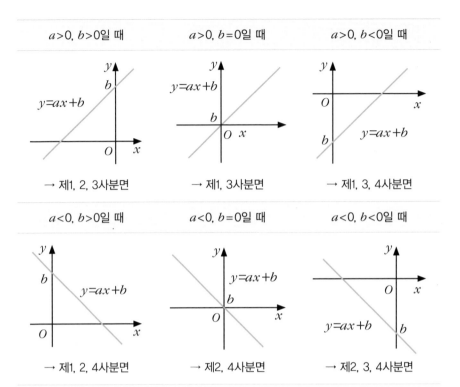

$a>0$, $b>0$일 때	$a>0$, $b=0$일 때	$a>0$, $b<0$일 때
→ 제1, 2, 3사분면	→ 제1, 3사분면	→ 제1, 3, 4사분면
$a<0$, $b>0$일 때	$a<0$, $b=0$일 때	$a<0$, $b<0$일 때
→ 제1, 2, 4사분면	→ 제2, 4사분면	→ 제2, 3, 4사분면

(3) 두 일차함수의 그래프 관계

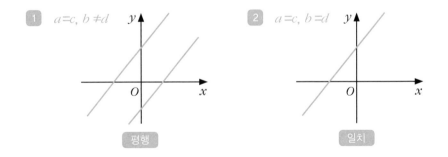

① $a=c$, $b \neq d$ 평행

② $a=c$, $b=d$ 일치

두 일차함수 $y=ax+b$와 $y=cx+d$에 대해 **1** 기울기가 같고 y절편이 다르면($a=c$, $b \neq d$), 두 그래프는 평행합니다. **2** 기울기도 같고 y절편도 같으면($a=c$, $b=d$), 두 그래프는 일치합니다. 다만 기울기가 다르면($a \neq c$), 두 그래프는 한 점에서 만납니다. 또한 서로 평행한 두 일차함수의 그래프는 항상 기울기가 같습니다.

4. 일차함수의 그래프의 활용

이제 다양한 상황에서 일차함수 식 $y=ax+b$를 구해 봅시다.

(1) 기울기와 y절편을 알 때

기울기가 2이고 y절편이 -1인 직선을 그래프로 하는 일차함수의 식은 $y=2x-1$입니다.

(2) 기울기와 한 점의 좌표를 알 때

기울기가 3이고 점 $(1, -4)$을 지나는 직선을 그래프로 하는 일차함수의 식은 다음과 같이 구합니다.

① 일차함수의 식을 $y=3x+b$로 둔다.

② $y=3x+b$에 $(1, -4)$을 대입하면, $-4=3 \times 1+b$ ∴ $b=-7$

③ 일차함수의 식은 $y=3x-7$

(3) 두 점의 좌표를 알 때

두 점 $(-3, -5)$, $(1, 3)$을 지나는 직선을 그래프로 하는 일차함수의 식은 다음과 같이 구합니다.

① 기울기 a를 구하면, $\dfrac{3-(-5)}{1-(-3)}=2$(또는 $\dfrac{(-5)-3}{(-3)-1}=2$)

② 일차함수의 식을 $y=2x+b$로 둔다.

③ $y=2x+b$에 $(1, 3)$을 대입하면, $3=2\times1+b$ $\therefore b=1$

　($y=2x+b$에 $(-3, -5)$을 대입해 계산해도 결과는 같습니다.)

④ 일차함수의 식은 $y=2x+1$

(4) x절편과 y절편을 알 때

x절편이 -2이고, y절편이 -8인 직선을 그래프로 하는 일차함수의 식은 두 점 $(-2, 0)$, $(0, -8)$을 지나는 직선임을 이용해 기울기를 구합니다.

① 기울기 a를 구하면, $\dfrac{(-8)-0}{0-(-2)}=-4$(또는 $\dfrac{0-(-8)}{(-2)-0}=-4$)

② y절편이 -8이므로 일차함수의 식은 $y=-4x-8$

일차함수의 그래프의 기울기를 구할 때, 평행한 그래프의 식이 주어지는 경우에는 그 기울기가 같음을 이용하고, x, y의 값의 증가량이 주어지는 경우에는 기울기를 직접 구합니다.

일차함수의 활용 문제는 다음과 같은 순서로 풀도록 합니다.

① 문제의 뜻을 이해해 변하는 두 양을 x와 y로 놓아 변수를 정한다.

(기준이 되는 것을 x로 두고, x의 값에 따라 변하는 것을 y로 둔다.)

② 두 변수 x와 y의 관계를 일차함수 $y=ax+b$으로 나타낸다.

③ 일차함수의 식이나 그래프를 이용해 문제를 푸는 데 필요한 값을 찾는다.

④ 구한 답이 문제의 뜻에 맞는지 확인한다.

● ● ●　　　우리가 알아야 할 것　　　＋

- 두 변수 x와 y에 대해 x의 값이 정해짐에 따라 y의 값이 오직 하나씩 정해지는 관계가 있을 때, y를 x의 함수라고 하고, 기호로 $y=f(x)$와 같이 나타냅니다.

- 함수 $y=f(x)$에서 x의 값에 따라 정해지는 y의 값 $f(x)$를 x에 대한 함숫값이라고 합니다.

- 일차함수는 $y=ax+b$(a, b는 상수, $a{\ne}0$)와 같이 나타낼 수 있고, 그래프는 기울기가 a이고 y절편이 b인 직선입니다.

- $a>0$이면 오른쪽 위를 향하고, $a<0$이면 오른쪽 아래를 향합니다.

- 기울기가 같은 두 일차함수의 그래프는 y절편이 다르면 평행하고 y절편이 같으면 일치합니다.

- 일차함수의 그래프 위의 서로 다른 두 점을 직선으로 연결해 그릴 수 있습니다.

- 일차함수의 그래프의 기울기와 지나는 한 점의 좌표를 알면 그 일차함수의 식을 구할 수 있습니다.

일차함수와 일차방정식의 관계

무슨 의미냐면요

· · ·

일차방정식 $ax+by+c=0$을 $y=-\dfrac{a}{b}x-\dfrac{c}{b}$으로 정리하면 일차함수가 되고, 이 둘의 그래프 또한 같습니다. 즉 일차방정식과 일차함수는 표현 방식만 다를 뿐 같은 식으로 이해할 수 있습니다.

좀 더 설명하면 이렇습니다

· · ·

1. 일차함수와 일차방정식

x와 y가 정수일 때, 일차방정식 $2x-y+3=0$의 해 (x, y)을 좌표평면

위에 나타내면 그림1 과 같습니다. 또한 위의 식의 해를 x와 y의 범위를 수 전체로 해 좌표평면 위에 모두 나타내면 그림2 와 같습니다. 이러한 그림들을 일차방정식 $2x - y + 3 = 0$의 그래프라고 합니다.

그림 1
그림 2

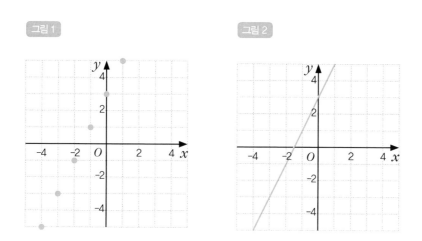

미지수가 2개인 일차방정식 $ax + by + c = 0 (a, b, c$는 상수, $a \neq 0, b \neq 0)$의 해 (x, y)을 좌표평면 위에 나타낸 것을 일차방정식의 그래프라고 합니다. 미지수 x, y의 값의 범위가 수 전체일 때, 일차방정식 $ax + by + c = 0$의 해는 무수히 많고, 이 해 (x, y)을 좌표로 하는 점을 좌표평면 위에 나타내면 직선이 됩니다. 따라서 일차방정식 $ax + by + c = 0$을 직선의 방정식이라고 합니다.

이때 미지수 x, y의 값의 범위가 자연수 또는 정수이면 일차방정식의 그래프는 점으로 나타나고, 미지수 x, y의 값의 범위가 수 전체이면 직선이 됩니다. 문제에서 x, y의 값이 구체적으로 주어지지 않으면 x, y의 값의 범위는 수 전체로 생각합니다.

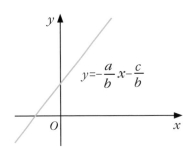

일차방정식 $ax+by+c=0$을 좌변에 y만 남기고 정리하면, 일차함수 $y=-\dfrac{a}{b}x-\dfrac{c}{b}$이 됩니다. 따라서 이 둘은 표현 방법만 다를 뿐 같은 식이므로 기울기가 $-\dfrac{a}{b}$이고, y절편이 $-\dfrac{c}{b}$인 직선으로 그 그래프는 서로 같습니다.

$$ax+by+c=0\,(a\neq0,\ b\neq0) \xrightarrow[\text{일차방정식}]{\text{일차함수}} y=-\dfrac{a}{b}x-\dfrac{c}{b}$$

일차방정식 $ax+by+c=0$에서 $a\neq0$, $b=0$이면 $ax+c=0$이므로 $x=-\dfrac{c}{a}$이 되고, $a=0$, $b\neq0$이면 $by+c=0$이므로 $y=-\dfrac{c}{b}$이 됩니다. 따라서 $a\neq0$, $b\neq0$인 경우에만 일차함수가 됩니다.

이처럼 일차방정식에서 미지수가 x 또는 y 중 하나만 있는 경우, 그 그래프는 좌표축에 평행한 직선이 됩니다.

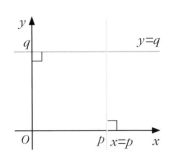

$x=p\,(p\neq0)$의 그래프는 점 $(p,\,0)$을 지나고 y축에 평행한(x축에 수직인) 직선입니다. $x=p$는 x의 값이 p인 모든 점을 나타내는 것으로, x의 값이 p 하나로 정해질 때 y의 값은 무수히 많아

집니다. 따라서 $x=p$는 함수가 아닙니다.

$y=q\,(q\neq0)$의 그래프는 점 $(0,\,q)$를 지나고 x축에 평행한(y축에 수직인) 직선입니다. $y=q$는 y의 값이 q인 모든 점을 나타내는 것으로, x의 값이 하나로 정해질 때 y의 값은 항상 하나입니다. 따라서 $y=q$는 함수이지만, $y=$(일차식)이 아니므로 일차함수는 아닙니다.

여기서 $x=0$의 그래프는 y축을, $y=0$의 그래프는 x축을 나타냅니다. 즉 일차방정식 $ax+by+c=0$은 일차함수 $y=-\dfrac{a}{b}x-\dfrac{c}{b}\,(a\neq0,\,b\neq0)$의 그래프를 포함한 모든 직선을 나타낼 수 있으므로 직선의 방정식이라고 합니다.

2. 연립일차방정식의 해와 그래프

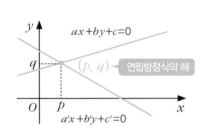

연립일차방정식 $\begin{cases} ax+by+c=0 \\ a'x+b'y+c'=0 \end{cases}$ 의 해는 두 일차방정식 $ax+by+c=0$와 $a'x+b'y+c'=0$의 그래프의 교점의 좌표와 같습니다.

즉 연립일차방정식의 해는 두 일차방정식의 공통인 해이고, 두 일차방정식의 그래프의 교점의 좌표이며, 두 일차함수의 그래프의 교점의 좌표

입니다. 따라서 연립방정식의 교점의 좌표는 두 일차방정식을 연립해 구하고, 두 일차방정식의 그래프가 주어진 경우에는 그래프의 교점의 좌표를 찾아 연립방정식의 해를 구할 수 있습니다.

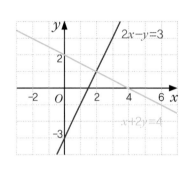

예를 들어 연립방정식 $\begin{cases} 2x - y = 3 \\ x + 2y = 4 \end{cases}$ 에서 두 일차방정식의 그래프를 좌표평면 위에 나타내면 왼쪽 그림과 같습니다.

두 그래프의 교점의 좌표가 $(2, 1)$ 이므로 연립방정식의 해는 $x=2, y=1$임을 알 수 있습니다.

연립일차방정식 $\begin{cases} ax + by + c = 0 \\ a'x + b'y + c' = 0 \end{cases}$ 의 해의 개수는 두 일차방정식 $ax+by+c=0$와 $a'x+b'y+c'=0$의 그래프의 교점의 개수와 같습니다. 연립방정식을 이루는 두 일차방정식의 그래프는 직선이므로, 직선의 위치 관계와 연립방정식의 해를 연관 지어 생각할 수 있습니다.

① 연립방정식의 해가 한 쌍일 때, 두 일차방정식의 그래프가 한 점에서 만나며 (교점 1개) 기울기는 다르다.

② 연립방정식의 해가 없을 때, 두 일차방정식의 그래프가 평행하며(교점 0개) 기울기는 같고 y절편은 다르다.

③ 연립방정식의 해가 무수히 많을 때, 두 일차방정식의 그래프가 일치하며(교점이 무수히 많음) 기울기도 같고 y절편도 같다.

두 일차방정식 그래프의 위치 관계	한 점에서 만난다.	평행한다.	일치한다.
두 그래프의 교점	한 개다.	없다.	무수히 많다.
연립방정식의 해	한 쌍의 해를 갖는다.	해가 없다.	해가 무수히 많다.
기울기와 y절편	기울기가 다르다.	기울기는 같고, y절편은 다르다.	기울기와 y절편이 각각 같다.

우리가 알아야 할 것   +

- 미지수가 2개인 일차방정식 $ax+by+c=0\,(a\neq0,\ b\neq0)$은 일차함수 $y= -\dfrac{a}{b}x-\dfrac{c}{b}$로 표현이 가능하고, 그 그래프도 직선으로 같습니다.
- y축에 평행한 직선의 방정식은 $x=p$이고, y축의 방정식은 $x=0$입니다.
- x축에 평행한 직선의 방정식은 $y=q$이고, x축의 방정식은 $y=0$입니다.
- 미지수 x와 y의 값의 범위가 수 전체일 때, 일차방정식 $ax+by+c=0$은 모든 직선을 나타낼 수 있으므로 직선의 방정식이라고 합니다.
- 두 일차방정식 $ax+by+c=0$와 $a'x+b'y+c'=0$의 그래프의 교점의 좌표는 연립방정식 $\begin{cases} ax+by+c=0 \\ a'x+b'y+c'=0 \end{cases}$ 의 해와 같습니다.

이차함수와
그래프

무슨 의미냐면요

• • •

y는 x에 대한 함수이고, y가 x에 대한 이차식($y=ax^2+bx+c$)으로 나타내어질 때, 이 함수를 이차함수라고 합니다. 이차함수의 그래프는 가운데 축을 중심으로 좌우가 대칭인 매끄러운 곡선의 포물선 형태입니다.

좀 더 설명하면 이렇습니다

...

1. 이차함수의 뜻

이차함수에서 이차는 차수(문자 x가 곱해진 수)가 2라는 뜻입니다. 간단하게 정리해 보면 a, b, c가 상수이고 $a \neq 0$일 때, ① ax^2+bx+c는 x에 대한 이차식, ② $ax^2+bx+c=0$은 x에 대한 이차방정식, ③ $y=ax^2+bx+c$는 x에 대한 이차함수입니다.

x의 값이 변함에 따라 y의 값이 하나씩 정해지는 관계를 함수 $y=f(x)$라고 합니다. 이때 y가 x에 대한 이차식 $y=ax^2+bx+c(a \neq 0)$이면, 이 함수를 x에 대한 이차함수라고 합니다. $y = \dfrac{1}{3}x^2 - 1$, $y=x^2+3x-5$는 이차함수가 되지만, $y = \dfrac{1}{x^2}$, $y=2x+1$, $y=x^3+x+1$처럼 우변이 이차식이 아닌 경우는 이차함수가 아닙니다. 그리고 앞으로 특별한 말이 없으면 x의 값의 범위는 실수 전체로 생각합니다.

이차함수의 기본형이 되는 $y=x^2$의 그래프를 살펴봅시다. x가 $\cdots$, -3, -2, -1, 0, 1, 2, 3, $\cdots$일 때 y의 값은 $\cdots$, 9, 4, 1, 0, 1, 4, 9, $\cdots$이 됩니다. 각각의 순서쌍 $\cdots$, $(-3, 9)$ $(-2, 4)$ $(-1, 1)$ $(0, 0)$ $(1, 1)$ $(2, 4)$ $(3, 9)$, $\cdots$을 좌표평면 위에 나타내면 그림1 과 같이 나타낼 수 있습니다. x의 값의 간격을 점점 작게 해서 x의 값의 범위를 실수 전체로 하면 그래프는 그림2 와 같이 매끄러운 곡선이 됩니다.

그림 1

그림 2

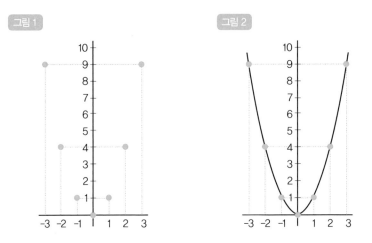

마찬가지로 이차함수 $y = -x^2$에서 x가 정수일 때 y의 값을 구해 순서 쌍으로 나타내면 $\cdots$, $(-3, -9)$, $(-2, -4)$, $(-1, -1)$, $(0, 0)$, $(1, -1)$, $(2, -4)$, $(3, -9)$, $\cdots$이고, 이를 좌표평면 위에 나타내면 그림 3 과 같이 나타낼 수 있습니다. x의 값의 간격을 점점 작게 해서 x의 값의 범위를 실수 전체로 하면 그래프는 그림 4 와 같이 매끄러운 곡선이 됩니다.

그림 3

그림 4

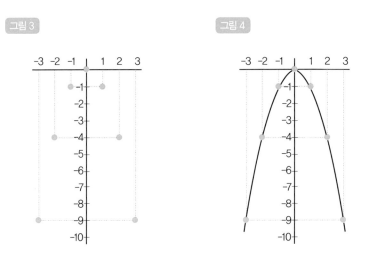

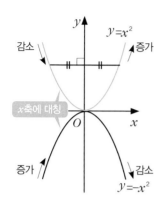

정리하면, 이차함수 $y=x^2$의 그래프는 ① 원점을 지나고, 아래로 볼록한 곡선(∨)으로 ② y축에 대해 대칭입니다. ③ $x<0$일 때 x의 값이 증가하면 y의 값은 감소하고, $x>0$일 때 x의 값이 증가하면 y의 값도 증가합니다. ④ 원점을 제외한 부분은 모두 x축보다 위쪽에 있습니다. ⑤ $y=x^2$과 $y=-x^2$의 그래프는 서로 x축에 대해 대칭입니다.

이차함수 $y=-x^2$의 그래프는 ① 원점을 지나고, 위로 볼록한 곡선(∧)으로 ② y축에 대해 대칭입니다. ③ $x<0$일 때 x의 값이 증가하면 y의 값도 증가하고, $x>0$일 때 x의 값이 증가하면 y의 값은 감소합니다. ④ 원점을 제외한 부분은 모두 x축보다 아래쪽에 있습니다.

이차함수 $y=x^2$, $y=-x^2$의 그래프와 같은 모양의 곡선을 포물선이라고 합니다. 포물선은 가운데 한 직선을 대칭축으로 하는 선대칭도형이며, 그 직선을 포물선의 축이라고 합니다. 포물선과 축의 교점을 포물선의 꼭짓점이라고 합니다.

이차함수 $y=x^2$, $y=-x^2$의 대칭축은 y축이고, 꼭짓점은 모두 원점 $(0, 0)$입니다.

2. 이차함수 $y=ax^2$의 그래프

이차함수 $y=ax^2$의 그래프의 규칙을 찾기 위해, 먼저 $a>0$인 이차함수 $y=\dfrac{1}{3}x^2$, $y=x^2$, $y=3x^2$의 그래프를 동시에 좌표평면 위에 그려 봅시다. x의 값이 정수일 때의 점을 찍고 이으면 다음과 같이 매끄러운 세 곡선을 그릴 수 있습니다.

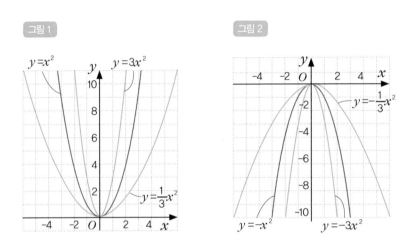

그림 1 과 같이 이차함수 $y=ax^2$의 그래프에서 a의 값이 커질수록 그래프의 폭이 좁아지고, a의 값이 작아질수록 폭은 넓어집니다.

같은 방식으로 $a<0$인 이차함수 $y=\dfrac{1}{3}x^2$, $y=-x^2$, $y=-3x^2$의 그래프를 동시에 좌표평면 위에 그려 보면 그림 1 의 그래프들과 각각 x축에 대해 대칭입니다(그림 2). 또한 이번에는 이차함수 $y=ax^2$의 그래프에서 a의 값이 커질수록 그래프의 폭이 넓어지고, a의 값이 작아질수록 폭은 좁아집니다. 따라서 그래프의 폭은 a의 절댓값($|a|$)이 클수록 좁아지고, 작을

수록 넓어집니다.

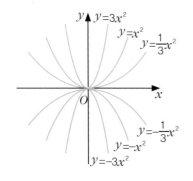

정리하면, 이차함수 $y=ax^2$의 그래프는 ① 원점 $(0, 0)$을 꼭짓점으로 하는 포물선입니다. ② y축에 대해 대칭이므로 축의 방정식은 $x=0(y$축)입니다. ③ $a>0$이면 아래로 볼록, $a<0$이면 위로 볼록합니다. ④ a의 절댓값이 클수록 그래프의 폭이 좁아집니다. ⑤ $y=-ax^2$의 그래프와 x축에 대해 대칭입니다. 즉 a의 부호가 그래프의 모양(볼록한 방향)을 결정하고 a의 절댓값이 그래프의 폭을 결정합니다.

3. 이차함수 $y=ax^2+q$의 그래프

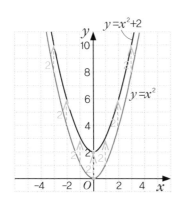

이차함수 $y=x^2+2$의 함숫값은 $y=x^2$의 모든 함숫값에 2만큼 더한 값과 같으므로 이차함수 $y=x^2+2$의 그래프는 $y=x^2$의 그래프를 y축 방향(위쪽)으로 2만큼 평행이동한 것으로 그릴 수 있습니다.

즉 이차함수 $y=x^2+2$의 그래프는 y축을 축으로 하고, 점 $(0, 2)$를 꼭짓점으로 하는 아래로 볼록한 포물선입니다.

정리하면, 이차함수 $y=ax^2+q$의 그래프는 이차함수 $y=ax^2$의 그래프를 y축의 방향으로 q만큼 평행이동한 것입니다. 그리고 y축의 방향으로 평행이동할 때는 꼭짓점은 함께 이동하지만 축은 변하지 않습니다.

이때 $q>0$이면 그래프가 위쪽(y축의 양의 방향), $q<0$이면 그래프가 아래쪽(y축의 음의 방향)으로 모양과 폭은 변하지 않고 그대로 위치만 이동합니다. 꼭짓점의 좌표는 $(0,q)$이고, 축의 방정식은 $x=0$(y축)입니다.

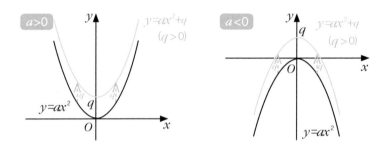

4. 이차함수 $y=a(x-p)^2$의 그래프

다음은 각 정수 x에 대응하는 두 이차함수 $y=x^2$와 $y=(x-2)^2$의 함숫값을 비교해 그래프를 그린 것입니다.

x	⋯	−3	−2	−1	0	1	2	3	4	5	⋯
x^2	⋯	9	4	1	0	1	4	9	16	25	⋯
$(x-2)^2$	⋯	25	16	9	4	1	0	1	4	9	⋯

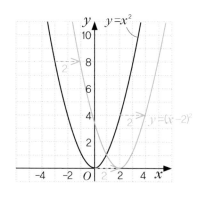

표를 보면 전체적으로 동일한 함숫값에 대해 $y=x^2$보다 $y=(x-2)^2$의 x의 값이 2씩 커짐을 확인할 수 있습니다. 따라서 그래프에서도 이차함수 $y=(x-2)^2$은 $y=x^2$을 x축 방향(오른쪽)으로 2만큼 평행이동한 것과 같습니다. 즉 이차함수 $y=(x-2)^2$의 그래프는 $x=2$을 축으로 하고, 점 $(2, 0)$을 꼭짓점으로 하는 아래로 볼록한 포물선입니다.

정리하면, 이차함수 $y=a(x-p)^2$의 그래프는 이차함수 $y=ax^2$의 그래프를 x축의 방향으로 p만큼 평행이동한 것입니다. 그리고 x축의 방향으로 평행이동할 때는 꼭짓점과 축이 함께 이동합니다.

이때 $p>0$이면 그래프가 오른쪽(x축의 양의 방향), $p<0$이면 그래프가 왼쪽(x축의 음의 방향)으로 모양과 폭은 변하지 않고 그대로 위치만 이동합니다. 꼭짓점의 좌표는 $(p, 0)$이고, 축의 방정식은 $x=p$입니다.

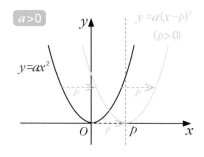

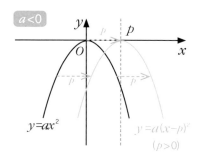

5. 이차함수 $y=a(x-p)^2+q$의 그래프

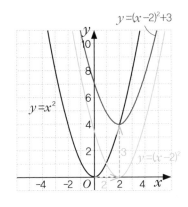

이차함수 $y=(x-2)^2+3$의 그래프는 $y=x^2$의 그래프를 x축의 방향으로 2만큼 평행이동해 $y=(x-2)^2$의 그래프를 그리고, 이를 y축의 방향으로 3만큼 평행이동해 $y=(x-2)^2+3$의 그래프를 그릴 수 있습니다. 즉 이차함수 $y=(x-2)^2+3$의 그래프는 $x=2$을 축으로 하고, 점 $(2, 3)$을 꼭짓점으로 하는 아래로 볼록한 포물선입니다.

이차함수 $y=a(x-p)^2+q$의 그래프는 이차함수 $y=ax^2$의 그래프를 x축의 방향으로 p만큼, y축의 방향으로 q만큼 평행이동한 것으로 그래프의 모양과 폭은 변하지 않고 그대로 위치만 이동합니다. 꼭짓점의 좌표는 (p, q)이고, 축의 방정식은 $x=p$입니다.

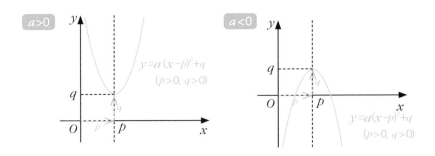

이차함수 $y=a(x-p)^2+q$에서 그래프의 모양은 a가 결정하고 꼭짓점의 위치는 p, q가 결정합니다. 축의 방정식은 항상 꼭짓점의 x의 값으로

‣ 이차함수 $y=ax^2$의 그래프의 평행이동

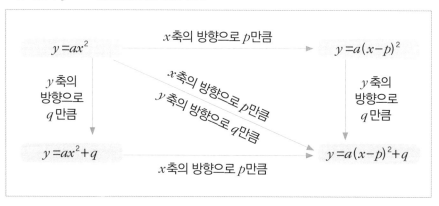

정해집니다.

　네 이차함수 $y=ax^2$, $y=a(x-p)^2$, $y=ax^2+q$, $y=a(x-p)^2+q$의 그래프 사이의 관계는 위와 같이 평행이동을 이용해 설명할 수 있습니다. 따라서 이차함수 $y=a(x-p)^2+q$의 그래프를 $y=ax^2$의 평행이동으로 설명할 때 x축의 방향이나 y축의 방향으로 평행이동하는 순서는 바뀌어도 결과는 같습니다.

　또한 $y=ax^2$의 그래프를 평행이동하면 x^2의 계수가 a인 모든 이차함수의 그래프와 겹치게 할 수 있습니다.

6. 이차함수 $y=ax^2+bx+c$의 그래프

　이차함수 $y=-2(x-1)^2+1$의 우변을 전개해 정리하면 $y=-2x^2+4x-1$이므로, 이차함수 $y=-2x^2+4x-1$의 그래프는 $y=-2(x-1)^2+1$의 그래프와 같습니다.

3장 함수　　　　　　　　　　　　　　　　　　　　　　　　　　 191

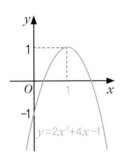

$y=2x^2+4x-1$

따라서 $y=-2x^2+4x-1=-2(x^2-2x+1-1)-1=-2(x-1)^2+1$과 같은 과정으로 $y=-2x^2+4x-1$의 그래프는 $y=-2(x-1)^2+1$의 꼴로 고쳐 그래프를 그릴 수 있습니다.

$y=-2x^2+4x-1$의 그래프는 직선 $x=1$을 축으로 하고, 점 $(1, 1)$ 꼭짓점으로 하는 아래로 볼록한 포물선입니다. 또 y축과 만나는 점의 y좌표(y절편)는 -1입니다.

이처럼 이차함수 $y=ax^2+bx+c$의 그래프는 $y=a(x-p)^2+q$의 꼴로 고쳐서 그릴 수 있고, 식을 고치는 과정은 다음과 같습니다.

$$y=ax^2+bx+c$$

$$=a\left(x^2+\frac{b}{a}x\right)+c : x^2의\ 계수로\ 이차항과\ 일차항을\ 묶는다.$$

$$=a\left\{x^2+\frac{b}{a}x+\left(\frac{b}{2a}\right)^2-\left(\frac{b}{2a}\right)^2\right\}+c : 괄호\ 안에서\ \left(\frac{x의\ 계수}{2}\right)^2을\ 더하고\ 뺀다.$$

$$=a\left(x^2+\frac{b}{2a}\right)^2-a\times\frac{b^2}{4a^2}+c$$

$$=a\left(x^2+\frac{b}{2a}\right)^2-\frac{b^2-4ac}{4a} : (완전제곱식)+(상수)\ 꼴로\ 나타낸다.$$

이차함수 $y=ax^2+bx+c$의 그래프에서 꼭짓점의 좌표는 $\left(-\frac{b}{2a}, -\frac{b^2-4ac}{4a}\right)$이고, 축의 방정식은 $x=-\frac{b}{2a}$입니다. 위에서 도출한 복잡한 꼭짓점의 좌표를 외우는 것보다, 함수식을 $y=a(x-p)^2+q$의 꼴로 나타내는 방법을 기억하는 것이 중요합니다.

이차함수 $y=ax^2+bx+c$의 그래프와 y축이 만나는 점의 y좌표(y절편)는 $x=0$일 때 y의 값으로 c입니다. 마찬가지로 x축과 만나는 점의 x좌표(x절편)는 $y=0$일 때 $ax^2+bx+c=0$의 x의 값으로 구합니다. 이때 x의 값에 따라 x축과의 교점은 2개이거나 1개, 또는 존재하지 않을 수도 있습니다.

이차함수 $y=ax^2+bx+c$의 그래프와 각 계수 a, b, c의 부호와의 관계를 알아봅시다.

(1) a의 부호

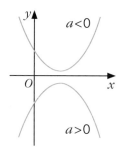

a의 부호는 그래프의 모양에 따라 결정됩니다. 그래프가 아래로 볼록(∨)하면 $a>0$이고, 위로 볼록(∧)하면 $a>0$입니다.

(2) b의 부호

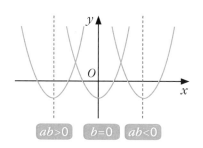

b의 부호는 축의 위치($x=-\dfrac{b}{2a}$)에 따라 결정됩니다. 축이 y축의 왼쪽에 있으면 $-\dfrac{b}{2a}<0$이므로 $\dfrac{b}{a}>0$, 즉 a, b가 서로 같은 부호($ab>0$)입니다. 축이 y축과 일치하면 $-\dfrac{b}{2a}=0$

이므로 $b=0$이고, 축이 y축의 오른쪽에 위치하면 $-\dfrac{b}{2a}>0$이므로 $\dfrac{b}{a}<0$, 즉 a, b가 서로 다른 부호($ab<0$)입니다. 따라서 b의 부호는 a의 부호를 먼저 확인해야 알 수 있습니다.

(3) c의 부호

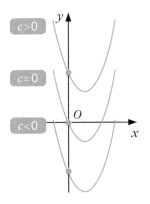

c의 부호는 y축과의 교점(y절편)의 위치에 따라 결정됩니다. y절편이 x축보다 위쪽에 있으면 $c>0$이고, 원점이면 $c=0$, x축보다 아래쪽에 있으면 $c<0$입니다.

- 이차함수는 $y=ax^2+bx+c$ (a, b, c는 상수, $a \neq 0$)으로 나타낼 수 있고, 그래프는 축을 중심으로 좌우 대칭의 매끄러운 곡선인 포물선 모양입니다.

- 이차함수 $y=ax^2$의 그래프는 $a>0$이면 아래로 볼록, $a<0$이면 위로 볼록하고, a의 절댓값이 클수록 그래프의 폭은 좁아집니다.

- 이차함수 $y=a(x-p)^2+q$의 그래프는 $y=ax^2$을 x축 방향으로 p만큼, y축 방향으로 q만큼 평행이동해 그리고, 꼭짓점은 (p, q), 축의 방정식은 $x=p$ 입니다.

- 이차함수 $y=ax^2+bx+c$의 그래프는 $y=a(x-p)^2+q$의 꼴로 바꾸어 그릴 수 있습니다.

- a의 부호는 그래프의 모양으로, b의 부호는 축의 위치로, c의 부호는 y절편의 위치로 알 수 있습니다.

PART 4

기하

중등 과정에서 배우는 다양한 도형의 성질

...

초등 과정에서 학습한 평면도형과 입체도형을 기반으로 중등 과정에서는 여러 가지 도형의 성질과 피타고라스 정리를 배웁니다. 또한 각도와 넓이, 부피 등의 내용을 확대해 도형을 작도해 보고, 합동과 닮음인 도형을 찾아 다양한 도형의 성질을 알아봅니다.

좀 더 설명하면 이렇습니다

...

초등 과정의 '도형' 영역에서는 주변의 모양들을 평면도형과 입체도형으로 구분하며 각각의 고유한 성질과 공간 감각을 배웠습니다. 그리고 '측정' 영역에서는 생활하며 사용하는 시간, 길이, 들이, 무게, 각도, 넓이, 부피 등을 각각의 속성에 맞는 단위를 사용해 그 양을 수치화하는 것과 어림을 통해 양을 단순화해 표현하는 것을 배웠습니다.

이를 토대로 중등 과정의 '기하' 영역에서는 여러 가지 평면도형과 입체도형의 성질, 특히 삼각형과 사각형의 성질과 도형의 닮음, 피타고라스 정리, 삼각비, 원의 성질을 학습합니다. 나아가 고등 과정에서는 점, 직선, 원과 같은 다양한 도형을 좌표평면 위에 나타내며 방정식을 이용해 식으로 표현하는 것을 배웁니다.

1. 기본도형(중1-2)

점이 연속적으로 움직인 자리는 선이 되고, 선이 연속적으로 움직인 자리는 면이 됩니다. 따라서 선은 무수히 많은 점으로 이루어져 있고, 면은 무수히 많은 선과 점으로 이루어져 있습니다. 그리고 점, 선, 면은 평면도형과 입체도형을 구성하는 기본 요소이고, 시작점이 같은 두 반직선(선분)이 이루는 도형을 '각'이라고 합니다. 평면에서 점과 직선이, 공간에서 직선과 평면이 가질 수 있는 다양한 위치 관계를 살펴보고 학습합니다.

눈금이 없는 자와 컴퍼스만을 사용해 도형을 그리는 것을 작도라고 합니다. 작도에서 자는 두 점을 지나는 선분을 그리고, 컴퍼스는 원을 그리거나 주어진 선분의 길이를 재서 다른 위치로 옮기는 데 사용합니다.

다음 3가지 중 어느 하나의 조건이 주어지면 삼각형이 하나로 정해지도록 작도할 수 있습니다. 조건은 세 변의 길이(SSS합동), 두 변의 길이와 그 끼인각(SAS합동), 또는 한 변의 길이와 그 양 끝각의 크기(ASA합동)입니다. 그리고 3가지 중 하나의 조건이 서로 같으면 두 삼각형은 서로 합동입니다.

2. 평면도형(중1-2)

다각형의 한 꼭짓점에서 이웃하는 두 변의 연장선을 그으면 네 각이 생기게 됩니다. 이때 도형의 안쪽에 있는 각을 내각이라 하고, 내각과 이웃한 두 각을 외각이라고 합니다. 다각형의 내각과 외각의 합은 항상 $180°$입니다.

다각형의 꼭짓점의 수가 n개이면, 한 꼭짓점에서 그을 수 있는 대각선의 수는 $(n-3)$이고 이때 만들어지는 삼각형의 수는 $(n-2)$입니다. 삼각형의 세 내각의 크기의 합은 $180°$임을 이용하면 다각형의 내각의 크기의 합은 $180° \times (n-2)$임을 알 수 있습니다. 또한 내각과 외각의 성질에 의해 다각형의 외각의 크기의 합은 항상 $360°$입니다. 이처럼 다각형은 꼭짓점의 수에 따른 내각과 외각의 크기, 대각선의 개수 등 규칙적인 성질을 발견하고 일반화할 수 있습니다.

한 점에서 같은 거리에 있는 점들을 모아 놓은 것을 원이라고 합니다. 모든 원에서 지름의 길이에 대한 원의 둘레의 비율인 원주율은 항상 일정합니다. 초등 과정에서는 그 값을 약 3.14로 계산했는데, 앞으로는 원주율을 π(파이)로 나타내고 계산합니다.

원 위의 두 점을 원의 곡선을 따라 이으면 '호', 선분으로 이으면 '현'입니다. 원의 중심을 지나는 현은 원의 지름이 되고, 원 위의 두 점에 대해 호와 현으로 이루어진 도형을 '활꼴'이라고 합니다.

피자 조각처럼 호와 두 반지름으로 이루어진 도형은 부채꼴이 되고, 한 원에서 부채꼴의 호의 길이와 넓이는 부채꼴의 중심각의 크기에 정비례합니다. 이를 이용해 부채꼴의 호의 길이와 넓이, 중심각 사이의 관계식을 유도하고 공식화하면 실생활의 다양한 도형의 둘레와 넓이를 계산할 수 있습니다.

3. 입체도형(중1-2)

다면체는 다각형인 면으로 이루어진 입체도형입니다. 이 중 각 면이 모두 합동인 정다각형이고 각 꼭짓점에 모인 면의 개수가 모두 같으면 정다면체라고 합니다. 정다면체는 정사면체, 정육면체, 정팔면체, 정십이면체, 정이십면체 5가지뿐입니다.

회전체는 한 직선을 축으로 해서 평면도형을 회전시킬 때 생기는 입체도형입니다. 회전체를 회전축에 수직인 평면으로 자를 때 생기는 단면은 항상 원이고, 회전축을 포함한 평면으로 자를 때 생기는 단면은 다양한 선대칭도형입니다.

기둥과 뿔, 그리고 구의 겉넓이와 부피를 구하고 이를 공식화해 다양한 입체도형의 겉넓이와 부피를 계산할 수 있습니다.

4. 삼각형의 성질(중2-2)

평면도형인 다각형은 모두 삼각형으로 분할할 수 있고, 입체도형인 다면체 또한 각 면이 다각형으로 이루어져 있으므로 삼각형으로 분할할 수 있습니다. 즉 삼각형은 도형을 이루는 가장 기본적인 요소라고 할 수 있습니다. 특히 이등변삼각형과 직각삼각형은 평면도형과 입체도형의 성질을 이해하고 설명하는 데 많이 활용됩니다.

삼각형의 합동조건을 이용하면, 두 변의 길이가 같은 삼각형인 이등변삼각형의 두 밑각의 크기가 같고, 꼭지각의 이등분선은 밑변을 수직이등분함을 알 수 있습니다. 또한 직각삼각형의 한 내각은 직각이므로 한 예각의 크기가 정해지면 다른 각의 크기도 정해집니다. 이를 이용하면 삼각형의 합동조건보다 간단한 직각삼각형의 합동조건을 찾을 수 있고, 그 2가지는 다음과 같습니다. 빗변의 길이와 한 예각의 크기가 각각 같거나 빗변의 길이와 다른 한 변의 길이가 각각 같으면 두 직각삼각형은 합동입니다.

삼각형의 세 꼭짓점을 지나는 원은 삼각형의 바깥쪽으로 접하는 원이라는 의미로 외접원이라 하고, 그 원의 중심을 외심이라고 합니다. 이때 삼각형의 세 변의 수직이등분선은 외심에서 만나고, 외심에서 삼각형의 세 꼭짓점에 이르는 거리는 외접원의 반지름으로 서로 같습니다.

삼각형의 안쪽으로 세 변에 접하는 원을 내접원이라 하고, 그 원의 중심을 내심이라고 합니다. 이때 삼각형의 세 내각의 이등분선은 내심에서 만나고, 내심에서 삼각형의 세 변에 이르는 거리는 내접원의 반지름으로 서로 같습니다.

5. 사각형의 성질(중2-2)

네 변으로 이루어진 사각형에서 마주 보는 한 쌍의 대변이 평행하면 사다리꼴이 되고, 두 쌍의 대변이 평행하면 평행사변형이 되므로 평행사변형은 사다리꼴에 포함됩니다. 평행사변형은 두 쌍의 대변의 길이와 두 쌍의 대각의 크기가 서로 같고, 두 대각선은 서로를 이등분합니다. 이러한 평행사변형의 성질을 만족하는 직사각형과 마름모, 정사각형은 모두 평행사변형이라 할 수 있습니다.

평행사변형에서 한 내각이 직각이면 직사각형이 되고, 이웃하는 두 변의 길이가 같으면 마름모가 됩니다. 정사각형은 한 내각이 직각이면서 이웃하는 두 변의 길이까지 같은 평행사변형으로 직사각형이면서 마름모입니다.

6. 도형의 닮음(중2-2)

건물이나 도시를 실제 모양과 똑같이 축소해 만든 모형이나 복사기에서 종이를 확대 또는 축소해 복사한 경우 크기는 다르지만 모양이 똑같습니다. 이처럼 두 도형이 모양은 완전히 똑같고 크기만 달라서 한 도형을 일정한 비율로 확대하거나 축소해 다른 도형과 합동이 되면, 수학에서는 이 두 도형은 서로 닮은 도형이라고 합니다. 또한 한 도형을 2배로 확대해 닮은 도형을 만들었을 때, 두 도형의 대응하는 모서리 길이의 비는 1:2가 되고, 이를 닮음비라고 합니다.

삼각형의 닮음(이 되는)조건은 삼각형의 합동조건 3가지에서 유도되므로 비교해 기억하면 편합니다. 세 쌍의 대응변의 길이의 비가 같을 때(SSS닮음), 두 쌍의 대응변의 길이의 비가 같고 그 끼인각의 크기가 같을 때(SAS닮음), 두 쌍의 대응각의 크기가 각각 같을 때(AA닮음) 두 삼각형은 서로 닮은 도형입니다.

삼각형에서 밑변과 평행한 선분을 그어 닮은 도형을 만들면, 그 닮음비와 평행선의 성질을 이용해 다양한 선분 길이의 비를 알 수 있고, 삼각형의 무게중심을 유도할 수 있습니다. 삼각형의 무게중심은 각 꼭짓점에서 그 대변의 중점을 이은 중선의 교점으로, 무게중심은 세 중선을 2:1로 나눕니다.

7. 피타고라스 정리(중2-2)

피타고라스는 다양한 수학적 연구를 하고 특히 기하학을 발전시킨 고대 수학자입니다. 피타고라스 정리는 "직각삼각형에서 빗변의 길이의 제곱은 다른 두 변의 길이의 제곱의 합과 같다."라는 직각삼각형의 세 변의 길이 사이의 관계에 대한 성질입니다. 삼각형의 합동을 이용하면 여러 가지 방법으로 이를 증명할 수 있습니다.

8. 삼각비(중3-2)

직각이 아닌 다른 한 각의 크기가 같은 두 직각삼각형은 서로 닮은 도형입니다. 삼각형의 크기에 관계없이 서로 닮은 직각삼각형에서 대응변의 길이의 비는 항상 일정하고, 이 비를 삼각비라고 합니다. 즉 직각삼각형의 한 예각의 크기가 정해지면 그 예각의 삼각비가 정해질 수 있습니다. $\angle A$ 에 대한 삼각비는 3가지가 있습니다. $\sin A$는 빗변에 대한 높이의 길이의 비, $\cos A$는 빗변에 대한 밑변의 길이의 비, $\tan A$는 밑변에 대한 높이의 길이의 비를 의미합니다.

예각의 크기가 $30°, 45°, 60°$인 경우의 삼각비가 자주 이용되므로 특수한 각으로 암기하도록 합니다. 특수한 각의 삼각비는 모두 피타고라스 정리로 유도할 수 있고, 그 값은 $\sin 30° = \frac{1}{2}$, $\sin 45° = \frac{\sqrt{2}}{2}$, $\sin 60° = \frac{\sqrt{3}}{2}$, $\cos 30° = \frac{\sqrt{3}}{2}$, $\cos 45° = \frac{\sqrt{2}}{2}$, $\cos 60° = \frac{1}{2}$, $\tan 30° = \frac{\sqrt{3}}{3}$, $\tan 45° = 1$, $\tan 60° = \sqrt{3}$입니다. 여기서 $\tan A = \frac{\sin A}{\cos A}$임을 이용하면 기억하기 편리합니다.

또한 특수한 각이 아니더라도 $0°$부터 $90°$까지 예각의 삼각비의 값은 삼각비의 표를 이용해 구할 수 있습니다. 따라서 직각삼각형에서 한 변의 길이와 한 예각의 크기를 알면 삼각비를 이용해 다른 변의 길이를 구할 수 있어 직접 측정하기 어려운 거리나 높이를 구하는 데 이용됩니다.

삼각비는 고등 과정에서 삼각함수로 일반화되고, 주기적인 성질을 가지는 자연현상이나 사회현상을 표현하고 설명하는 데도 다양하게 활용됩니다.

9. 원과 직선(중3-2)

원 위의 두 점을 이은 선분인 현으로 원의 중심에서 수선을 내리면 그 현은 항상 이등분됩니다. 반대로 현의 수직이등분선은 그 원의 중심을 지나게 됩니다. 그리고 원 밖의 한 점에서 원에 그은 두 접선의 길이는 서로 같습니다. 이러한 원의 현과 접선의 성질을 이용해 다양한 도형의 길이를 구할 수 있습니다.

　한 원에서 호의 양 끝점과 호에 있지 않은 원 위의 한 점을 이을 때 생기는 각을 원주각이라고 합니다. 호에 있지 않은 원 위의 한 점은 무수히 많으므로 원주각 또한 무수히 많고, 그 크기는 모두 같습니다. 호의 길이가 2배가 되면 그에 따른 중심각과 원주각의 크기도 각각 2배가 되기 때문에 호의 길이와 중심각의 크기와 원주각의 크기는 서로 정비례합니다.

　원주각을 이용해 원의 접선과 현이 이루는 각과 원주각의 관계를 정리하고, 원에 내접하는 사각형의 성질을 배웁니다.

우리가 알아야 할 것 +

- 점, 선, 면은 평면도형과 입체도형을 구성하는 기본 요소이고, 눈금이 없는 자와 컴퍼스만을 사용해 도형을 그리는 것을 작도라고 합니다.
- 정다면체는 정사면체, 정육면체, 정팔면체, 정십이면체, 정이십면체 5가지입니다.
- 삼각형의 세 꼭짓점을 지나는 원은 외접원이고 그 중심을 외심, 삼각형의 세 변에 접하는 원은 내접원이고 그 중심을 내심이라고 합니다.
- 사각형은 한 쌍의 대변이 평행하면 사다리꼴이 되고, 나머지 한 쌍도 평행하면 평행사변형입니다. 그 안에서 성질에 따라 직사각형과 마름모로 분류되고 정사각형은 직사각형이면서 마름모입니다.

- 한 도형을 일정한 비율로 확대하거나 축소해 다른 도형과 합동이 되면, 이 두 도형은 서로 닮은 도형입니다. 두 도형의 대응하는 모서리의 비는 닮음비가 됩니다.
- 직각삼각형에서 빗변의 길이의 제곱은 다른 두 변의 길이의 제곱의 합과 같습니다.
- 삼각형의 크기에 관계없이 서로 닮은 직각삼각형에서 대응변의 길이의 비는 항상 일정하고, 이 비를 삼각비라고 합니다.
- 원주각은 한 원에서 호의 양 끝점과 호에 있지 않은 원 위의 한 점을 이을 때 생기는 각으로, 호의 길이와 그 중심각의 크기와 원주각의 크기는 서로 정비례합니다.

기본도형

무슨 의미냐면요

. . .

중등 도형을 학습하는 데 기초가 되는 개념과 용어를 배웁니다. 그리고 눈금 없는 자와 컴퍼스만을 사용해 다양한 도형을 그리는 작도를 통해 그 원리와 성질을 이해합니다. 또한 삼각형이 하나로 작도할 수 있는 조건으로 삼각형의 합동조건을 생각할 수 있습니다.

좀 더 설명하면 이렇습니다

...

1. 기본도형

(1) 점, 선, 면

도형은 모두 점, 선, 면으로 이루어집니다. 점이 연속적으로 움직이면 선이 되고, 선이 연속적으로 움직이면 면이 됩니다. 따라서 선은 무수히 많은 점으로 이루어져 있고, 면은 무수히 많은 점과 선으로 이루어져 있습니다. 또한 선에는 곧은 직선과 구부러진 곡선이 있고, 면에는 원기둥의 밑면처럼 평평한 평면과 원기둥의 옆면처럼 구부러진 곡면이 있습니다.

삼각형과 사각형, 원과 같이 한 평면 위에 있는 도형을 평면도형, 사각기둥과 원뿔 등 한 평면 위에 있지 않은 도형을 입체도형이라고 합니다. 평면도형과 입체도형은 모두 점, 선, 면으로 이루어져 있으므로 점, 선, 면을 도형의 기본 요소라고 합니다.

선과 선이 만나거나 선과 면이 만나면 점이 생기는데, 이를 교점이라고 합니다. 또한 면과 면이 만나면 직선이나 곡선이 생기는데, 이를 교선이라고 합니다. 예를 들어 직육면체에서 꼭짓점은 모서리들이 만나는 교점이 되고, 모서리는 면들이 만나는 교선이 됩니다. 따라서 직육면체의 교점은 8개, 교선은 12개입니다.

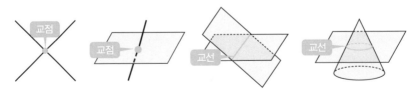

하나의 직선을 결정하기 위해서는 서로 다른 두 점이 필요합니다. 한 점을 지나는 직선은 무수히 많이 그릴 수 있지만, 다른 한 점이 더 주어지면 그 두 점을 잇는 직선은 오직 하나뿐입니다.

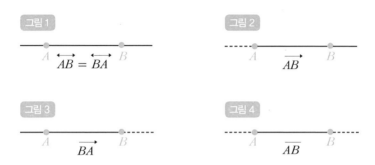

두 점 A, B를 지나는 직선 AB를 기호로 $\overleftrightarrow{AB}$와 같이 나타냅니다(그림1). 직선은 수직선처럼 양 끝으로 한없이 계속 이어지며 늘어나는 선이라 양 끝이 없으므로 $\overleftrightarrow{BA}$로 나타내어도 같은 직선입니다.

점 A에서 점 B의 방향으로 뻗은 직선 AB의 일부분인 반직선 AB를 기호로 $\overrightarrow{AB}$와 같이 나타냅니다(그림2). $\overrightarrow{BA}$는 시작점이 점 B이고 점 A 방향으로 뻗어나가므로 $\overrightarrow{AB}$와 서로 다른 반직선입니다(그림3). 즉 두 반직선이 같으려면 반드시 시작점과 뻗어 나가는 방향이 모두 같아야 합니다.

점 A에서 점 B까지의 부분인 선분 AB를 기호로 $\overline{AB}$와 같이 나타내고 (그림4), $\overline{AB}$와 $\overline{BA}$는 같은 선분입니다. 직선과 반직선은 그 길이를 알 수 없지만 선분은 시작과 끝이 있으므로 길이를 측정할 수 있습니다. 따라서 $\overline{AB}$는 선분 AB를 의미하기도 하지만 두 점 A, B 사이의 거리인 선분

AB의 길이를 의미해 $\overline{AB}=2cm$으로 나타내기도 합니다.

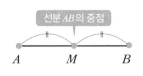

선분 AB 위의 점 M에 대해 $\overline{AM}=\overline{BM}=\frac{1}{2}\overline{AB}$이면, 점 M을 선분 AB의 중점이라고 합니다. 즉 중점은 선분을 이등분하는 점으로, 한가운데 있는 점이라는 뜻입니다.

(2) 각

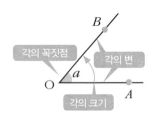

한 점에서 시작하는 두 반직선(또는 선분)으로 이루어진 도형을 각이라고 합니다. 각 AOB는 점 O에서 시작하는 두 반직선 OA, OB로 이루어진 도형을 말합니다. 기호로 $\angle AOB$와 같이 나타내고, $\angle BOA$, $\angle O$, $\angle a$로 나타내기도 합니다. 두 반직선으로 이루어진 각은 큰 것과 작은 것, 2개가 있지만 특별한 말이 없으면 크기가 작은 쪽을 의미합니다.

각 AOB의 크기는 각의 꼭짓점 O를 중심으로 변 OA가 다른 한 변 OB까지 회전한 양으로 벌어진 정도를 나타냅니다. $\angle AOB$는 도형으로 각 AOB를 의미하지만 각 AOB의 크기를 나타내기도 합니다.

각은 크기에 따라 4가지로 분류할 수 있는데, 각의 두 변이 서로 반대쪽으로 일직선을 이룰 때 크기가 $180°$인 각을 평각, 평각의 절반으로 크기가 $90°$인 각을 직각이라고 합니다. 직각보다 작은 각으로 크기가 $0°$보다 크고 $90°$보다 작으면 예각, 직각과 평각 사이로 크기가 $90°$보다 크고

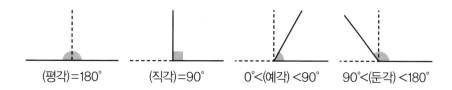

| (평각)=180° | (직각)=90° | 0°<(예각)<90° | 90°<(둔각)<180° |

180°보다 작으면 둔각이라고 합니다.

서로 다른 두 직선이 한 점에서 만나면 4개의 각이 생기는데 이를 교각이라고 합니다. 이 중 서로 마주 보는 두 교각을 맞꼭지각이라고 하고, 맞꼭지각은 항상 서로 크기가 같습니다.

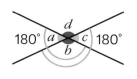

왼쪽 그림에서 $\angle a + \angle b = 180° = \angle c + \angle b$ ($\angle b$: 공통)이므로 $\angle a = \angle c$이고, 같은 방법으로 $\angle a + \angle b = 180° = \angle a + \angle d$ ($\angle a$: 공통)이므로 $\angle b = \angle d$입니다. $\angle a = \angle c$, $\angle b = \angle d$으로 맞꼭지각의 크기는 서로 같음을 확인할 수 있습니다.

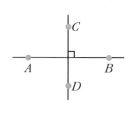

두 직선 AB와 CD의 교각이 직각일 때, 즉 두 직선이 한 점에서 90°로 만나게 되면 두 직선은 직교한다고 하고 기호 $\overleftrightarrow{AB} \perp \overleftrightarrow{CD}$로 나타냅니다. 이때 두 직선은 서로 수직이고, 한 직선은 다른 직선에 대해 수선(수직인 선)입니다. 두 직선이 서로 직교하면 맞꼭지각의 크기는 모두 90°로 같습니다.

두 직선 AB와 CD에 대해 그 교각은 직각임을 나타내는 표현은 ① $\overleftrightarrow{AB} \perp \overleftrightarrow{CD}$, ② 두 직선 AB와 CD는 서로 직교한다, ③ 두 직선 AB와 CD는

서로 수직이다, ④ 직선 AB는 직선 CD의 수선이고, 직선 CD는 직선 AB의 수선이다 등이 있습니다.

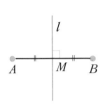

직선 l이 선분 AB에 수직이면서 선분 AB의 중점 M을 지나면, 기호 $l \perp AB$, $AM = BM$으로 나타낼 수 있습니다. 이러한 직선 l을 선분 AB의 수직이등분선(수직이면서 이등분하는 선)이라고 합니다.

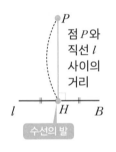

점 P에서 직선 l에 수선을 그어 생기는 교점 H를 '점 P에서 직선 l에 내린 수선의 발'이라고 하고, $\overline{PH} \perp l$입니다.

수학에서의 거리는 두 점을 연결하는 선분의 길이 중에서 가장 짧은 것으로 정의하므로 점 P와 직선 l 사이의 거리는 점 P에서 직선 l에 내린 수선의 발 H까지의 거리, 즉 선분 PH의 길이$(=\overline{PH})$입니다.

2. 위치 관계

(1) 점과 직선, 점과 평면의 위치 관계

점과 직선의 위치 관계는 2가지가 있습니다.
① 직선 l이 점 A를 지나는 경우 "점 A는 직선 l 위에 있다."라고 하며, ② 직선 l이 점 B를 지나지 않는 경우에는 "점 B가 직선 l 위에 있지 않다." 또는 "점 B가 직선 l 밖

에 있다."라고 합니다.

점과 평면의 위치 관계도 마찬가지입니다. ① 평면 P가 점 A를 포함하는 경우 "점 A는 평면 P 위에 있다."라고 하며, ② 평면 P가 점 B를 포함하지 않는 경우 "점 B가 평면 P 위에 있지 않다." 또는 "점 B가 평면 P 밖에 있다."라고 합니다.

일반적으로 점은 대문자 A, B, C, ⋯, 직선은 소문자 l, m, n, ⋯, 평면은 대문자 P, Q, R, ⋯으로 나타냅니다. 그림으로 나타낼 때 공간상의 제약으로 직선은 선분으로 평면은 평행사변형으로 나타내지만, 선분은 연장해 직선으로 생각하고 평면도 어느 방향으로나 한없이 늘어나는 면으로 생각해 위치 관계를 파악합니다.

(2) 두 직선의 위치 관계

한 평면 위에서 두 직선의 위치 관계를 살펴봅시다. 두 직선이 만나는 경우 ① 한 점에서 만나거나 ② 일치해 동일한 직선이 되고, 두 직선이 만나지 않는 경우 ③ 평행하게 됩니다. 즉 한 평면에서 두 직선이 만나지 않으면 평행하고, 평행하지 않으면 반드시 만나게 됩니다. 이때 두 직선 l과 m이 서로 평행하면 기호 $l /\!/ m$으로 나타내고, 두 직선을 평행선이라고 합니다.

평면이 아닌 공간에서만 존재하는 두 직선의 위치 관계가 있는데, 이를 꼬인 위치라고 합니다. 꼬인 위치는 공간에서 두 직선이 서로 만나지도 않고 평행하지도 않은 상태를 말합니다. 즉 공간에서 두 직선의 위치 관계를 살펴보면, ① 한 점에서 만나거나 ② 일치하거나 ③ 평행한 경우에 두 직선은 한 평면 위에 있게 되고, ④ 꼬인 위치에 있는 경우에는 두 직선이 한 평면 위에 있지 않게 됩니다.

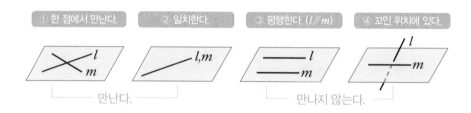

(3) 직선과 평면의 위치 관계

공간에서 직선과 평면의 위치 관계를 살펴보면, 직선과 평면이 만나는 경우 ① 한 점에서 만나거나(교점 1개), ② 직선이 평면에 포함되고(교점이 무수히 많음), 직선과 평면이 만나지 않으면 ③ 서로 평행합니다(교점 0개). 이때 직선 l과 평면 P가 평행하면 기호 $l /\!/ P$로 나타냅니다.

① 한 점에서 만난다. ② 직선이 평면에 포함된다. ③ 평행한다. ($l /\!/ m$)

직선 l이 평면 P 위에 있다.

만난다. 만나지 않는다.

점 A와 평면 P 사이의 거리

직선 l과 평면 P가 한 점 H에서 만나고 점 H를 지나는 평면 P 위의 모든 직선과 수직일 때, 직선 l과 평면 P는 서로 수직 또는 직교한다고 하고 기호 $l \perp P$로 나타냅니다. 이때 직선 l이 평면 P의 수선이 되고, 점 H를 수선의 발이라고 합니다. 또한 점 A와 평면 P 사이의 거리는 점 A에서 평면 P에 내린 수선의 발 H까지의 거리, 즉 선분 AH의 길이 ($=\overline{AH}$)입니다.

(4) 두 평면의 위치 관계

공간에서 두 평면의 위치 관계는 평면에서 두 직선의 위치 관계와 같이 생각할 수 있습니다. 즉 두 평면이 만나는 경우 ① 한 직선(교선)에서 만나거나 ② 일치해 동일한 평면이 되고, 두 평면이 만나지 않는 경우 ③ 서로 평행하게 됩니다. 이때 두 평면 P, Q가 서로 평행하면 기호 $P /\!/ Q$로 나타냅니다.

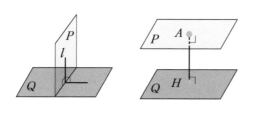 평면 P가 평면 Q에 수직
인 직선 l을 포함할 때, 평면
P와 평면 Q는 서로 수직 또
는 직교한다고 하고 기호로

$P{\perp}Q$로 나타냅니다. 또한 평면 P와 평면 Q 사이의 거리는 평면 P 위의 한
점 A에서 평면 Q에 내린 수선의 발 H까지의 거리, 즉 선분 AH의 길이
$(=\overline{AH})$입니다.

3. 평행선의 성질

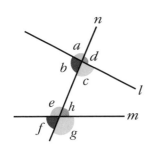 한 평면 위에서 두 직선 l, m이 다른 한
직선 n과 만나서 생기는 8개의 교각 중에
서 서로 같은 위치에 있는 두 각을 동위각,
서로 엇갈린 위치에 있는 두 각을 엇각이라
고 합니다.

그림에서 두 직선 l, m의 위쪽에 있는 각은 $\angle a$, $\angle d$, $\angle e$, $\angle h$이고 이

중에서 직선 n의 왼쪽에 위치하는 두 각 $\angle a$와 $\angle e$가 동위각이고, 오른쪽에 위치하는 두 각 $\angle d$와 $\angle h$가 동위각입니다. 마찬가지로 두 직선 l, m의 아래쪽에 있는 각은 $\angle b$, $\angle c$, $\angle f$, $\angle g$이고 이 중에서 직선 n의 왼쪽에 위치하는 두 각 $\angle b$와 $\angle f$가 동위각이고, 오른쪽에 위치하는 두 각 $\angle c$와 $\angle g$가 동위각입니다.

엇각은 직선 l, m의 사이에 있는 각 $\angle b$, $\angle c$, $\angle e$, $\angle h$ 중에서 직선 n을 사이에 두고 대각선 방향으로 엇갈린 각으로 $\angle b$와 $\angle h$, 그리고 $\angle c$와 $\angle e$가 엇각입니다. 따라서 동위각은 $\angle a$와 $\angle e$, $\angle b$와 $\angle f$, $\angle c$와 $\angle g$, $\angle d$와 $\angle h$로 네 쌍이 생기고, 엇각은 $\angle b$와 $\angle h$, $\angle c$와 $\angle e$로 두 쌍이 생기게 됩니다.

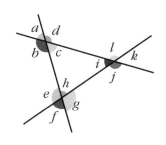

세 직선이 세 점에서 만날 때는 3개의 교점 중 1개의 교점을 가리면서 찾으면 동위각과 엇각을 쉽게 찾을 수 있습니다. 왼쪽 그림에서 $\angle c$의 동위각을 찾을 때는 먼저 오른쪽의 교점은 가리고 $\angle e$, $\angle f$, $\angle g$, $\angle h$ 중에서 같은 위치의 각인 $\angle g$를 찾습니다. 마찬가지로 아래쪽 교점은 가리고 $\angle i$, $\angle j$, $\angle k$, $\angle l$ 중에서 같은 위치의 각인 $\angle j$를 찾습니다.

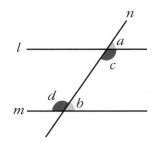

평행한 두 직선 l, m은 다른 한 직선과 만날 때 항상 동위각과 엇각의 크기는 서로 같고, 이를 평행선의 성질이라고 합니다. 즉 $l /\!/ m$이면 $\angle a = \angle b$이고 $\angle c = \angle d$입니다.

반대로 평행선의 성질을 이용해, 동위각과 엇각의 크기가 같으면 두 직선은 평행함을 알 수 있습니다. 즉 $\angle a = \angle b$이거나 $\angle c = \angle d$이면 $l /\!/ m$ 입니다.

맞꼭지각은 항상 서로 그 크기가 같지만, 동위각과 엇각은 평행선에서만 그 크기가 같아짐을 주의합니다.

또한 두 직선 l, m이 평행하면 엇각의 크기가 같으므로 $\angle c = \angle d$이고, $\angle d + \angle b = 180°$ 입니다. 따라서 $\angle c + \angle b = 180°$ 입니다. $\angle c$와 $\angle b$를 동측내각(같은 방향의 안쪽에 있는 각)이라고 부르며 평행선에서만 그 크기의 합이 $180°$ 입니다.

4. 작도와 합동

고대 그리스인들은 원과 직선을 가장 기본적인 도형으로 생각해 눈금이 없는 자와 컴퍼스만으로 다양한 도형을 그리고, 그 성질을 연구했습니다. 눈금 없는 자와 컴퍼스만을 사용해 도형을 그리는 것을 작도라고 합니다.

눈금 없는 자는 두 점을 연결해 선분을 그리거나 선분을 연장하는 데 사용하고, 컴퍼스는 원을 그리거나 주어진 선분의 길이를 재어서 다른 직선 위로 옮기는 데 사용합니다. 작도에 사용되는 눈금 없는 자는 말 그대로 눈금이 없으므로 길이를 잴 수 없고, 길이를 잴 때는 컴퍼스를 사용해야 합니다.

(1) 길이가 같은 선분의 작도

선분 AB와 길이가 같은 선분을 작도해 봅시다.

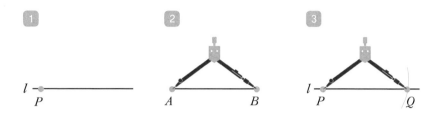

① 자를 사용해 직선 l을 긋고, 그 위에 한 점 P를 잡는다.

② 컴퍼스를 사용해 $\overline{AB}$의 길이를 잰다.

③ 점 P를 중심으로 하고 반지름의 길이가 $\overline{AB}$인 원을 그려, 직선 l과의 교점을 Q

　라고 잡는다. 이때 $\overline{PQ}=\overline{AB}$.

(2) 크기가 같은 각의 작도

$\angle XOY$와 크기가 같고 $\overrightarrow{PQ}$를 한 변으로 하는 각을 작도해 봅시다.

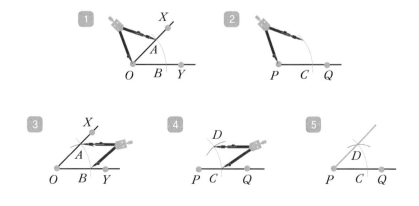

① 점 O를 중심으로 하는 원을 그려 $\overrightarrow{OX}$, $\overrightarrow{OY}$ 와의 교점을 각각 A, B 라고 한다.

② 점 P를 중심으로 하고 반지름의 길이가 $\overline{OA}$ 인 원을 그려 $\overrightarrow{PQ}$ 와의 교점을 C 라고 한다. 즉 $\overline{OA}=\overline{OB}=\overline{PC}=\overline{PD}$.

③ 컴퍼스를 사용해 $\overline{AB}$ 의 길이를 잰다.

④ 점 C를 중심으로 하고 반지름의 길이가 $\overline{AB}$ 인 원을 그려 ②에서 그린 원과의 교점을 D 라고 한다. 이때 $\overline{AB}=\overline{CD}$.

⑤ 두 점 P, D 이어 $\overrightarrow{PD}$ 를 그리면, $\angle DPC = \angle XOY$.

크기가 같은 각을 작도하는 과정 중에서 ①~④은 컴퍼스만 사용하고, ⑤는 눈금 없는 자를 사용합니다. 또한 $\angle XOY$ 가 둔각일 경우에도 동일한 방법으로 작도합니다.

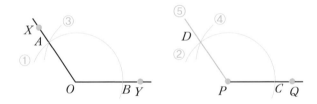

(3) 평행선의 작도

직선 l 밖의 한 점 P를 지나고 직선 l에 평행한 직선을 작도해 봅시다. 평행선을 작도할 때는 "동위각 또는 엇각의 크기가 같으면 두 직선은 평행하다."라는 평행선의 성질을 이용해 작도합니다.

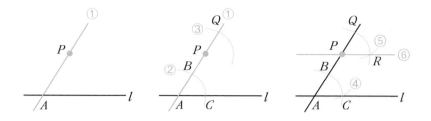

① 점 P 를 지나는 직선을 그어 직선 l 과의 교점을 A 라고 한다.

② 점 A 를 중심으로 하는 원을 그려 $\overrightarrow{PA}$, 직선 l 과의 교점을 각각 B, C 라고 한다.

③ 점 P 를 중심으로 하고 반지름 길이가 $\overline{AB}$ 인 원을 그려 $\overrightarrow{PA}$ 와의 교점을 Q 라고

한다.

④ $\overline{BC}$ 의 길이를 잰다.

⑤ 점 Q 를 중심으로 하고 반지름의 길이가 $\overline{BC}$ 인 원을 그려 ③에서 그린 원과의

교점을 R 이라고 한다. 이때 $\overline{BC}=\overline{QR}$.

⑥ 두 점 P, R 을 잇는 직선을 그으면, $\overleftrightarrow{PR} /\!/ l$ 이다. 즉 $\overline{AB}=\overline{AC}=\overline{PQ}=\overline{PR}$.

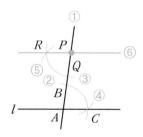

이 과정은 $\angle BAC = \angle QPR$ 으로 동위각의 크기를 같도록 작도해, 직선 l 과 평행한 $\overleftrightarrow{PR}$ 을 작도하는 방법입니다. 또한 왼쪽 그림과 같이 엇각의 크기가 같도록 작도해 직선 l 과 평행한 $\overleftrightarrow{PR}$ 을 작도할 수 있습니다.

(4) 삼각형의 작도

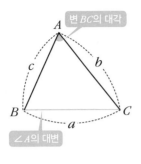

삼각형 ABC를 기호로 △ABC와 같이 간단히 나타내고, 삼각형에서 한 각과 마주 보는 변을 대변, 한 변과 마주 보는 각을 대각이라고 합니다. 예를 들어 변 BC를 ∠A의 대변, ∠A를 변 BC의 대각이라고 합니다. 또한 각 변의 길이는 대각 ∠A, ∠B, ∠C의 알파벳 소문자인 a, b, c로 나타내기도 합니다.

이때 세 변의 길이의 조건은 한 변의 길이가 나머지 두 변의 길이의 합보다 작아야 삼각형이 될 수 있습니다. 즉 $a<b+c, b<c+a, c<a+b$이고, 가장 긴 변이 나머지 두 변의 길이의 합보다 작으면 이를 모두 만족하게 되어 삼각형이 하나로 정해질 수 있습니다.

삼각형을 작도하기 위해서는 세 변의 길이가 주어지거나 두 변의 길이와 그 끼인각의 크기가 주어지고, 또는 한 변의 길이와 그 양 끝 각의 크기가 주어져야 합니다. 이 3가지 경우에만 삼각형을 하나로 작도할 수 있습니다.

먼저 세 변의 길이가 주어질 때 삼각형을 작도해 봅시다. 다음은 길이가 a, b, c인 선분을 세 변으로 하는 △ABC를 작도하는 예시입니다. 세 변을 작도할 때 순서는 상관없지만 다음 예시에서는 선분의 길이 a, c, b를 순서로 작도했습니다.

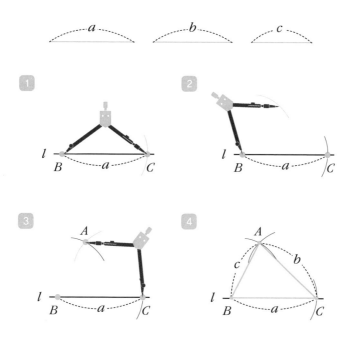

① 직선 l을 그리고 그 위에 점 B를 잡은 후, 반지름의 길이가 a인 원을 그려 직선 l과의 교점을 C라고 한다($\overline{BC}$ 작도).

② 점 B를 중심으로 하고 반지름의 길이가 c인 원을 그린다.

③ 점 C를 중심으로 하고 반지름의 길이가 b인 원을 그려 ②에서 그린 원과의 교점을 A라고 한다.

④ 점 A와 두 점 B와 C를 이으면 $\triangle ABC$가 된다.

두 번째로 두 변의 길이와 그 끼인각의 크기가 주어질 때 삼각형을 작도해 봅시다. 다음은 길이가 a, c인 선분을 두 변으로 하고, $\angle B$를 그 끼인각으로 하는 $\triangle ABC$를 작도하는 예시입니다.

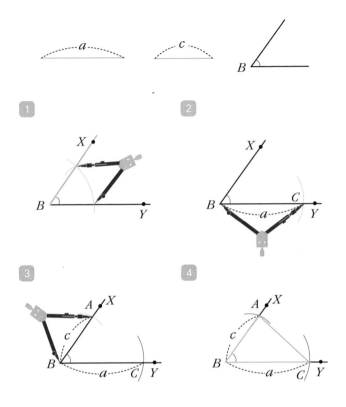

① 반직선 BY를 그리고 $\angle B$와 크기가 같은 $\angle XBY$를 작도한다.

② 점 B를 중심으로 하고 반지름의 길이가 a인 원을 그려 $\overrightarrow{BY}$와의 교점을 C라고
한다.

③ 점 B를 중심으로 하고 반지름의 길이가 c인 원을 그려 $\overrightarrow{BX}$와의 교점을 A라고
한다.

④ 두 점 A와 C를 이으면 $\triangle ABC$가 된다.

이 예시에서는 $\angle B$를 먼저 작도한 후에 두 선분의 길이 a, c를 작도했지만, 선분의 길이 중 하나를 작도한 후에 $\angle B$를 작도하고 나머지 한 선분을 작도할 수 있습니다. 즉 $a, \angle B, c$ 또는 $c, \angle B, a$의 순서로 작도할 수 있습니다. 다만 두 선분의 길이를 먼저 작도한 후에 그 끼인각을 작도할 수 없으므로 $a, c, \angle B$ 또는 $c, a, \angle B$의 순서로는 작도할 수 없음에 주의합니다.

세 번째로 한 변의 길이와 그 양 끝 각의 크기가 주어질 때 삼각형을 작도해 봅시다. 다음은 길이가 a인 선분을 한 변으로 하고, $\angle B$와 $\angle C$를 양 끝 각으로 하는 $\triangle ABC$를 작도하는 예시입니다.

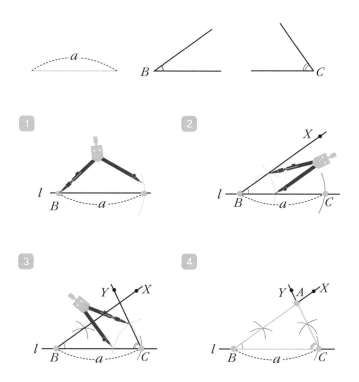

① 직선 *l*을 그리고 그 위에 점 *B*를 잡은 후, 반지름의 길이가 *a*인 원을 그려 직선

*l*과의 교점을 *C*라고 한다($\overline{BC}$ 작도).

② 점 *B*를 꼭짓점으로 하고 ∠*B*와 크기가 같은 ∠*XBC*를 작도한다.

③ 점 *C*를 꼭짓점으로 하고 ∠*C*와 크기가 같은 ∠*YCB*를 작도한다.

④ $\overrightarrow{BX}$와 $\overrightarrow{CY}$의 교점을 *A*라고 하고, 점 *A*와 두 점 *B*와 *C*를 이으면 △*ABC*가 된다.

이 예시에서는 선분의 길이 *a*를 먼저 작도한 후에 그 양 끝 각 ∠*B*와 ∠*C*를 작도했지만, 한 각을 작도한 후에 길이 *a*인 선분을 작도하고 다른 한 각을 작도할 수 있습니다. 즉 ∠*B*, *a*, ∠*C* 또는 ∠*C*, *a*, ∠*B*의 순서로 작도할 수 있습니다. 다만 양 끝 각을 먼저 작도한 후에 그 사이의 변의 길이를 작도할 수 없으므로 ∠*B*, ∠*C*, *a* 또는 ∠*C*, ∠*B*, *a*의 순서로는 작도할 수 없음에 주의합니다.

앞에서 이야기한 3가지 삼각형의 작도 방법 외의 경우에는 어떻게 될지 생각해 봅시다.

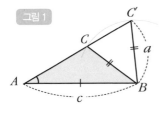

그림 1

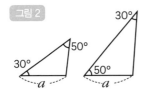

그림 2

세 각이 60° 씩 정삼각형으로 주어지는 경우입니다. 정삼각형은 모양은 모두 같지만 그 크기가 무수히 많이 생길 수 있습니다. 마찬가지로 정삼각형이 아니라도 그 세 각이 주어지는 경우 모양은 동일하지만 변의 길이에 따라 무수히 많은 삼각형이 작도될 수 있으므로 삼각형이 하나로 정해

지지 않습니다.

두 변의 길이 a, c와 각 $\angle A$가 주어져도 그 각이 끼인각이 아니면 그림1 과 같이 $\triangle ABC$, $\triangle ABC'$ 2가지로 그려지는 경우가 있으므로 삼각형이 하나로 정해지지 않습니다.

또한 한 변의 길이 a와 두 각 $30°$, $50°$의 크기가 주어져도 그 각이 양 끝 각이 아니면 그림2 와 같이 2가지로 그려질 수 있으므로 삼각형이 하나로 정해지지 않습니다.

따라서 삼각형의 작도를 통해 다음 3가지 경우 중 어느 하나를 만족하면 반드시 삼각형의 모양과 크기는 하나로 정해짐을 알 수 있습니다.

① 세 변의 길이가 주어질 때

② 두 변의 길이와 그 끼인 각의 크기가 주어질 때

③ 한 변의 길이와 그 양 끝 각의 크기가 주어질 때

(5) 삼각형의 합동

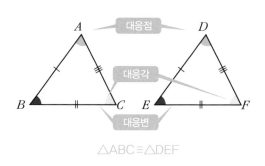

$\triangle ABC \equiv \triangle DEF$

모양과 크기가 똑같아서 완전히 포개어지는 두 도형을 합동이라고 합니다. $\triangle ABC$와 $\triangle DEF$가 서로 합동이고 각 꼭짓점 A와 D, B와 E, C와 F가 각각 대응할 때, 이것을 기호 △ABC≡△DEF로 나타냅니다. 기호를 사용해 나타낼 때는 대응하는 꼭짓점(대응점)의 순서를 맞추어 적습니다. △ABC와 △DEF가 합동이면 대응하는 세 변(대응변)의 길이가 각각 같고, 대응하는 세 각(대응각)의 크기가 각각 같습니다. 삼각형의 작도에서 확인한 대로, 두 삼각형이 다음 3가지 경우 중 하나를 만족하면 두 삼각형은 서로 모양과 크기가 같은 하나의 삼각형이 되어 합동이 됩니다.

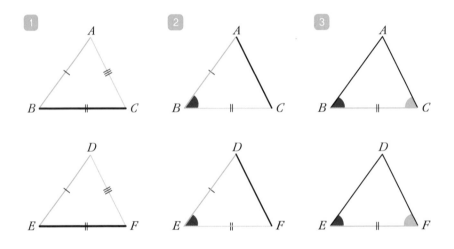

1 대응하는 세 변의 길이가 각각 같을 때(SSS합동)

➡ $\overline{AB}=\overline{DE}, \overline{BC}=\overline{EF}, \overline{CA}=\overline{FD}$

2 대응하는 두 변의 길이가 각각 같고 그 끼인각의 크기가 같을 때(SAS합동)

➡ $\overline{AB}=\overline{DE}, \overline{BC}=\overline{EF}, \angle B=\angle E$

3 대응하는 한 변의 길이가 같고 그 양 끝 각의 크기가 각각 같을 때(ASA합동)

➡ $\overline{BC}=\overline{EF}, \angle B=\angle E, \angle C=\angle F$

이를 삼각형의 합동조건이라고 하고, Side(변)와 Angle(각)의 첫 글자를 사용해 세 변의 길이가 같을 때는 SSS합동, 두 변과 그 사이에 끼인각의 크기가 같을 때는 SAS합동, 한 변의 길이와 그 양 끝 각이 같을 때는 ASA합동으로 간단히 나타낼 수 있습니다.

합동인 두 삼각형은 모양과 크기가 같으므로 넓이가 같습니다. 하지만 두 도형의 넓이가 같다고 해서 항상 합동이 되는 것은 아님에 주의합니다.

우리가 알아야 할 것

- 점, 선, 면은 평면도형과 입체도형을 구성하는 기본 요소입니다.
- 서로 다른 두 직선이 한 점에서 만날 때 생기는 맞꼭지각의 크기는 서로 같습니다.
- 공간에서 점과 직선, 직선과 직선, 직선과 평면의 위치 관계를 파악할 수 있습니다.
- 평행선의 동위각과 엇각의 크기는 각각 서로 같고, 동위각 또는 엇각의 크기가 같으면 두 직선은 평행선입니다.
- 눈금이 없는 자와 컴퍼스만을 사용해 도형을 그리는 것을 작도라고 합니다.
- 두 삼각형이 합동이 되는 3가지 조건은 세 변의 길이가 같을 때(SSS합동), 두 변의 길이와 그 끼인각이 같을 때(SAS합동), 한 변의 길이와 그 양 끝 각의 크기가 같을 때(ASA합동)입니다.

평면도형

무슨 의미냐면요

. . .

우리는 생활 주변에서 삼각형이나 사각형과 같은 여러 가지 다각형뿐만 아니라 원과 부채꼴의 형태의 평면도형을 쉽게 찾을 수 있습니다. 이러한 평면도형들이 갖는 고유한 성질들을 찾아 이해하고, 이를 이용해 다양한 문제 해결을 할 수 있습니다.

좀 더 설명하면 이렇습니다

...

1. 다각형

다각형은 3개 이상의 여러 개의 선분(변)으로 둘러싸인 평면도형입니다. 다각형은 변의 개수에 따라, 변이 3개, 4개, 5개, … , n개인 다각형을 각각 삼각형, 사각형, 오각형, … , n각형이라고 합니다.

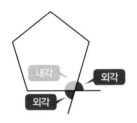

다각형에서 이웃하는 두 변으로 이루어진 내부의 각을 내각, 각 꼭짓점에서 한 변과 그 변에 이웃한 변의 연장선으로 이루어진 각을 외각이라고 합니다. 한 꼭짓점에서 내각의 크기와 외각의 크기의 합은 항상 $180°$입니다.

모든 변의 길이가 같고 모든 내각의 크기가 같은 다각형을 정다각형이라고 합니다. 이때 마름모처럼 모든 변의 길이가 같아도 내각의 크기가 다르거나 직사각형처럼 모든 내각의 크기가 같아도 변의 길이가 다르면 정다각형이 아닙니다.

(1) 삼각형의 내각과 외각

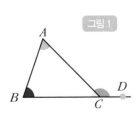

그림 1

초등학교 과정에서 학습한 대로 삼각형의 세 내각의 크기의 합은 항상 $180°$입니다. 이를 이용해 내각과 외각 사이의 관계를 알아봅시다.

△ABC에서 변 BC의 연장선 위에 한 점 D

를 잡으면 그림1 과 같습니다. $\angle A + \angle B + \angle C = 180°$이고, $\angle ACD + \angle C$ $= 180°$이므로 $\angle ACD = \angle A + \angle B$입니다. 따라서 삼각형의 한 외각의 크기는 그와 이웃하지 않은 두 내각의 크기의 합과 같습니다.

(2) 다각형의 대각선의 개수

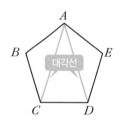

다각형에서 서로 이웃하지 않은 두 꼭짓점을 이은 선분을 대각선이라고 합니다. 한 꼭짓점에서 자기 자신과 이웃하는 2개의 꼭짓점을 제외한 꼭짓점으로 대각선을 그을 수 있으므로 대각선의 개수는 삼각형은 0개, 사각형은 1개, 오각형은 2개, …, n각형은 $(n-3)$개입니다. n각형의 대각선의 개수를 모두 구할 때는 한 꼭짓점에서 $(n-3)$개씩 대각선을 그을 수 있고 꼭짓점이 n개이므로 이 둘을 곱해 계산합니다. 이때 한 대각선 AC는 점 A에서 그은 대각선이면서 점 C에서 그은 대각선으로 개수가 중복되므로 다각형의 총 대각선의 개수를 2로 나누어 줍니다. 따라서 n각형의 대각선의 개수는 $\dfrac{n(n-3)}{2}$입니다.

(3) 다각형의 내각의 크기의 합

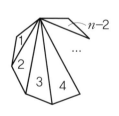

한 꼭짓점에서 그을 수 있는 대각선을 모두 그으면 여러 개의 삼각형으로 나누어지고, 그 개수는 각각 사각형이 2개, 오각형이 3개, …, n각형이 $(n-2)$개입니다. 그리고 삼각형의 내각

의 크기의 합은 $180°$이므로 다각형의 내각의 크기의 합은 $180° \times$ (나누어 진 삼각형의 개수)입니다. 즉 n각형의 내각의 크기의 합은 $180° \times (n-2)$ 입니다.

특히 정다각형은 그 내각의 크기가 모두 같으므로 내각의 크기의 합을 꼭짓점의 개수로 나누면, 정n각형의 한 내각의 크기는 $\dfrac{180° \times (n-2)}{n}$ 입니다.

다각형	사각형	오각형	육각형	…	n각형
한 꼭짓점에서 대각선을 모두 그었을 때 생기는 삼각형의 개수	 $4-2=2$	 $5-2=3$	 $6-2=4$	…	$n-2$
내각의 크기의 합	$180° \times 2 = 360°$	$180° \times 3 = 540°$	$180° \times 4 = 720°$	…	$180° \times (n-2)$

(4) 다각형의 외각의 크기의 합

다각형의 한 꼭짓점에서 내각과 외각의 크기의 합은 $180°$입니다. 사각형은 꼭짓점이 4개이므로 내각과 외각의 크기의 합은 $180° \times 4 = 720°$ 입니다. 여기서 사각형의 내각의 크기의 합은 $180° \times 2 = 360°$이므로 외각의 크기의 합은 $720° - 360° = 360°$입니다. 같은 방식으로 오각형도 살펴보면 내각과 외각의 크기의 합은 $180° \times 5 = 900°$, 이 중 내각의 크기의 합은 $180° \times 3 = 540°$이므로 외각의 크기의 합은 $900° - 540° = 360°$입니다.

이처럼 n각형의 내각과 외각의 크기의 합은 $180°\times n$, 내각의 크기의 합은 $180°\times(n-2)$이므로 그 외각의 크기의 합은 $180°\times n-180°\times(n-2)=360°$입니다. 즉 다각형의 외각의 크기의 합은 꼭짓점의 개수에 상관없이 항상 $360°$입니다.

특히 정다각형은 그 외각의 크기가 모두 같으므로 외각의 크기의 합 $360°$를 꼭짓점의 개수로 나누면, 정n각형의 한 외각의 크기는 $\dfrac{360°}{n}$입니다.

정다각형	정삼각형	정사각형	정오각형	정육각형
한 내각의 크기	$\dfrac{180°\times(3-2)}{3}=60°$	$\dfrac{180°\times(4-2)}{4}=90°$	$\dfrac{180°\times(5-2)}{5}=108°$	$\dfrac{180°\times(6-2)}{6}=120°$
한 외각의 크기	$\dfrac{360°}{3}=120°$	$\dfrac{360°}{4}=90°$	$\dfrac{360°}{5}=72°$	$\dfrac{360°}{6}=60°$

2. 원과 부채꼴

평면 위의 한 점(원의 중심)으로부터 일정한 거리(반지름의 길이)에 있는 모든 점으로 이루어진 도형을 원이라고 합니다. 즉 동그란 피자에 비유하면 원은 피자의 테두리 부분만을 의미하고 원의 안쪽은 원의 일부가 아닙니다.

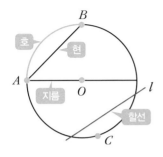

원 O 위의 두 점 A, B를 양 끝으로 하는 원의 일부분(곡선)을 호 AB라고 하고, 기호 $\overarc{AB}$로 나타냅니다. 일반적으로 $\overarc{AB}$는 길이가 길지 않은 쪽의 호를 나타내고, 길이가 긴 쪽의 호를 나타낼 때는 그 호 위의 한 점 C를 잡아 $\overarc{ACB}$와 같이 나타냅니다.

원 위의 두 점 A, B를 이은 선분은 현 AB라고 하고, 호 AB와 달리 원의 일부는 아닙니다. 또한 원의 중심 O를 지나는 현은 원의 지름이 되고, 원의 지름은 원에서 길이가 가장 긴 현입니다. 원 위의 두 점을 지나는 직선은 할선(원을 자르는 직선)이라고 합니다.

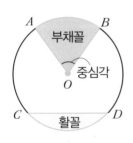

원 O에서 두 반지름 OA, OB와 호 AB로 이루어진 도형을 펼친 부채의 모양과 비슷하다고 해서 부채꼴 AOB이라고 합니다. 이때 $\angle AOB$를 부채꼴 AOB의 중심각 또는 호 AB에 대한 중심각이라 하고, 호 AB를 $\angle AOB$에 대한 호라고 합니다. 또한 원에서 호와 현으로 이루어진 도형을 활꼴이라고 하고, 반원은 중심각의 크기가 $180°$인 부채꼴이면서 활꼴이 됩니다.

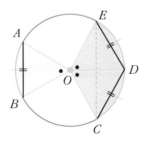

한 원에서 중심각의 크기가 같은 두 부채꼴은 서로 모양과 크기가 같은 합동

이므로 호의 길이와 넓이, 현의 길이는 각각 같습니다. 다시 말해 $\angle AOB$ = $\angle COD$이면 $\overparen{AB} = \overparen{CD}$, $\overline{AB} = \overline{CD}$, (부채꼴 AOB의 넓이)=(부채꼴 COD의 넓이)입니다.

또한 중심각의 크기가 2배가 되도록 중심각이 동일한 부채꼴 2개를 빈틈없이 겹치지 않게 붙여 놓으면 부채꼴의 호의 길이와 넓이도 2배가 됩니다. 하지만 중심각의 크기가 2배가 되면 그 부채꼴의 현은 2배가 되지 않고 그보다 짧아집니다. 즉 $\angle COE = 2\angle AOB$이면 (부채꼴 COE의 넓이)=$2 \times$(부채꼴 AOB의 넓이), $\overparen{CE} = 2\overparen{AB}$, $\overline{CE} < 2\overline{AB}$입니다. 따라서 중심각의 크기가 2배, 3배, …가 되면 부채꼴의 호의 길이와 넓이도 각각 2배, 3배, …가 되므로 부채꼴의 호의 길이와 넓이는 각각 중심각의 크기에 정비례하지만, 현의 길이는 중심각의 크기에 정비례하지 않습니다.

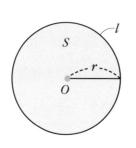

원주율은 원의 지름의 길이에 대한 둘레의 길이의 비입니다. 즉 (원의 둘레의 길이)÷(원의 지름의 길이)이고, 그 값은 3.141592653…와 같이 한없이 계속되는 소수로 일정합니다. 초등 과정에서는 원주율을 약 3.14의 값으로 계산했지만, 이제 원주율을 기호 π(파이)로 나타냅니다.

원의 둘레의 길이와 넓이는 초등 과정과 동일한 방법으로 계산해 구할 수 있습니다. 기호를 사용해 나타내면 반지름의 길이가 r인 원의 둘레의 길이 $l = 2\pi r$이고, 원의 넓이 $S = \pi r^2$입니다.

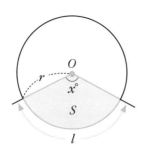

부채꼴을 원의 전체에 대한 일부분으로 생각하면, 원의 전체 360°에 대한 부채꼴의 중심각 $x°$의 비를 원의 둘레와 넓이에 각각 곱해 부채꼴의 둘레의 길이와 넓이를 구할 수 있습니다. 즉 반지름의 길이가 r, 중심각의 크기가 $x°$인 부채꼴의 호의 길이 $l = 2\pi r \times \dfrac{x}{360}$, 부채꼴의 넓이 $S = \pi r^2 \times \dfrac{x}{360}$입니다.

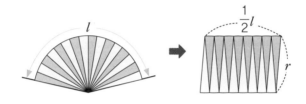

또한 중심각이 $x°$인 부채꼴의 넓이 S는 반지름의 길이 r과 호의 길이 l을 사용해 나타낼 수 있습니다. 위 그림과 같이 부채꼴을 같은 크기의 무수히 많은 부채꼴로 나누면 양변이 반지름의 길이 r인 이등변삼각형과 가까워집니다. 이 모양을 번갈아가며 위아래로 재배열하면 직사각형에 가까운 모양이 됩니다.

이때 직사각형의 한 변은 부채꼴의 반지름 r이고, 다른 한 변은 부채꼴 호의 길이의 절반인 $\dfrac{1}{2}l$이므로 그 넓이 S는 $S = \dfrac{1}{2}rl$입니다. 이를 수식으로 확인하면 다음과 같습니다.

$$S = \pi r^2 \times \frac{x}{360} = \frac{1}{2} \times r \times \left(2\pi r \times \frac{x}{360}\right) = \frac{1}{2}rl$$

따라서 부채꼴의 반지름의 길이와 호의 길이가 주어지면 중심각을 구하지 않고도 간단히 부채꼴의 넓이를 구할 수 있습니다.

입체도형

무슨 의미냐면요

. . .

우리 주변의 다양한 형태는 다면체나 회전체 등과 같은 입체도형으로 생각할 수 있습니다. 각각의 입체도형이 갖는 고유한 성질들은 다양한 실생활 문제를 해결하거나 수학의 다른 영역에서 개념을 학습하는 데 기초가 됩니다.

1. 다면체와 회전체

(1) 다면체

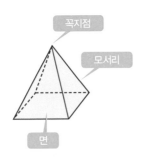

다면체는 다각형인 면으로만 둘러싸인 입체도형입니다. 다면체를 둘러싸고 있는 다각형을 면이라 하고, 다각형의 변을 모서리, 다각형의 꼭짓점을 다면체의 꼭짓점이라고 합니다.

다면체의 면의 수는 4개 이상이고, 면의 수에 따라 사면체, 오면체, 육면체, …라고 합니다. 이때 원기둥이나 원뿔과 같이 다각형 외의 면이 있는 입체도형은 다면체가 아닙니다.

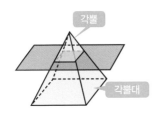

각뿔대는 각뿔을 밑면에 평행한 평면으로 자를 때 생기는 두 입체도형 중 각뿔이 아닌 쪽의 다면체입니다. 각뿔대에서 평행한 두 면(윗면과 아랫면)을 밑면이라고 합니다. 두 밑면은 모양은 같지만 크기는 다른 다각형입니다. 두 밑면 사이의 거리가 각뿔대의 높이입니다. 각뿔대에서 밑면이 아닌 면들을 옆면이라고 하고, 각뿔대의 옆면의 모양은 모두 사다리꼴입니다.

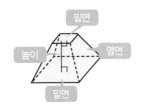

각뿔대는 밑면의 모양에 따라 삼각뿔대, 사각뿔대, 오각뿔대, …라고 합니다. 다면체는 면의 개수에 따라 사면체, 오면체, 육면체, …로 분류할 수 있으며, 다면체의 모양에 따라 각기둥, 각뿔, 각뿔대로 분류할 수 있습니다.

각기둥과 각뿔대의 옆면의 모양은 각각 직사각형과 사다리꼴로 다릅니다. 하지만 n각기둥과 n각뿔대의 면의 수는 $(n+2)$, 모서리의 수는 $3n$, 꼭짓점의 수는 $2n$으로 서로 같습니다.

다면체에서 ① 각 면이 모두 합동인 정다각형이고, ② 각 꼭짓점에 모인 면의 개수가 같으면 정다면체라고 합니다. 정다면체의 종류는 정사면체, 정육면체, 정팔면체, 정십이면체, 정이십면체로 5가지뿐입니다. 정다면체가 5가지뿐인 이유는 정다면체는 한 꼭짓점에서 3개 이상의 면이 만나야 하며, 한 꼭짓점에 모인 각의 크기의 합이 360°보다 작아야 입체도형이 만들어지기 때문입니다.

각 면이 모두 정삼각형인 경우를 살펴봅시다. 한 꼭짓점에서 면 3개가 만나면 한 꼭짓점에서 모인 각의 크기의 합은 180°가 되고, 정사면체가 만들어집니다. 한 꼭짓점에서 면 4개가 만나면 한 꼭짓점에 모인 각의 크기의 합은 240°가 되고, 정팔면체가 만들어집니다. 또한 한 꼭짓점에서 면 5개가 만나면 한 꼭짓점에 모인 각의 크기의 합은 300°가 되고, 정이십면체가 됩니다. 하지만 한 꼭짓점에서 면이 6개 이상 만나면 한 꼭짓점에 모인 각의 크기의 합은 360° 이상이 되므로 입체도형을 만들 수 없게 됩니다.

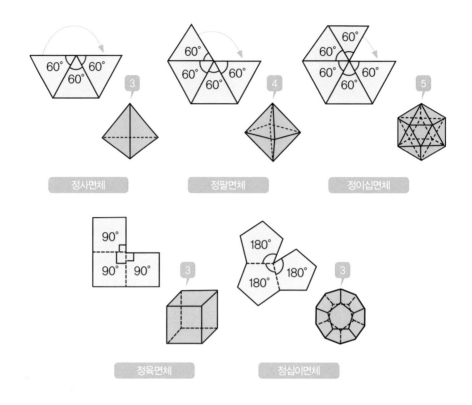

정사면체 정팔면체 정이십면체

정육면체 정십이면체

    각 면이 모두 정사각형인 경우에는 한 꼭짓점에서 면 3개가 만나면 한 꼭짓점에서 모인 각의 크기의 합은 270°가 되어 정육면체가 만들어집니다. 하지만 한 꼭짓점에서 면이 4개 이상 만나면 한 꼭짓점에 모인 각의 크기의 합은 360° 이상이 되므로 입체도형을 만들 수 없게 됩니다.

    각 면이 모두 정오각형인 경우에도 한 꼭짓점에서 면 3개가 만나면 한 꼭짓점에서 모인 각의 크기의 합은 324°가 되어 정십이면체가 만들어집니다. 하지만 한 꼭짓점에서 면이 4개 이상 만나면 한 꼭짓점에 모인 각의 크기의 합은 360° 이상이 되므로 입체도형을 만들 수 없게 됩니다.

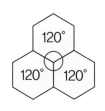

입체도형이 되기 위해서는 한 꼭짓점에서 최소한 3개의 면이 만나야 합니다. 하지만 각 면이 정육각형 이상일 경우에는 한 꼭짓점에 3개의 면이 만나면 한 꼭짓점에 모인 각의 크기의 합이 360° 이상이 되어 입체도형을 만들 수 없습니다. 따라서 정다면체의 면의 모양은 정삼각형, 정사각형, 정오각형으로만 이루어져 있습니다.

(2) 회전체

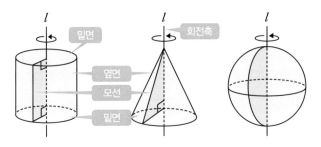

직사각형과 직각삼각형, 반원를 회전시키면 원기둥과 원뿔, 구를 만들 수 있습니다. 원기둥과 원뿔, 구와 같이 평면도형을 한 직선을 축으로 해서 1회전 시킬 때 생기는 입체도형을 회전체라고 합니다. 회전할 때 축으로 사용한 직선을 회전축, 회전하며 옆면을 만드는 선분을 회전체의 모선이라고 합니다.

이때 구는 반원의 지름을 축으로 해서 1회전 시킨 것으로, 반원은 선분이 아니므로 구에서는 모선이 없습니다.

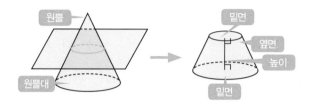

원뿔대는 원뿔을 밑면에 평행한 평면으로 자를 때 생기는 두 입체도형 중에 원뿔이 아닌 쪽의 입체도형입니다. 각뿔대와 마찬가지로 원뿔대에서도 평행한 두 면을 밑면이라고 하고. 두 밑면 사이의 거리가 원뿔대의 높이입니다. 또한 원뿔대에서 밑면이 아닌 곡면을 옆면이라고 합니다.

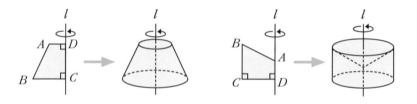

원뿔대는 위의 그림과 같이 사다리꼴의 양 끝 각이 모두 직각인 변 DC를 축으로 해서 1회전 시킬 때 생기는 회전체이고, 변 DC는 원뿔대의 높이가 됩니다. 변 DC 외의 다른 변 AB, 변 BC, 변 AD를 축으로 해서 만든 회전체는 원뿔대가 되지 않습니다. 반드시 두 각이 직각인 사다리꼴을 회전시켜야 원뿔대를 만들 수 있습니다.

다음 그림과 같이 회전체는 회전축에 수직인 평면으로 자를 때 생기는 단면 경계의 모양은 항상 원이 됩니다.

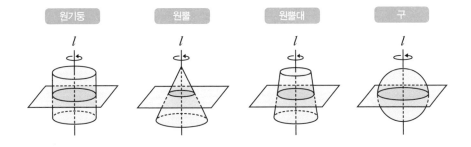

| 원기둥 | 원뿔 | 원뿔대 | 구 |

또한 회전축을 포함하는 평면으로 자를 때 생기는 단면은 어느 각도로 잘라도 모두 합동이고, 회전축을 대칭축으로 하는 선대칭도형입니다. 즉 원기둥은 직사각형, 원뿔은 이등변삼각형, 원뿔대는 사다리꼴, 구는 원이 됩니다.

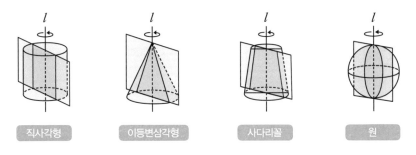

| 직사각형 | 이등변삼각형 | 사다리꼴 | 원 |

이때 회전축을 포함하는 평면으로 자를 때 생기는 단면이 회전축에 평행한 평면으로 자를 때 생기는 단면 중에서 그 넓이가 가장 큰 도형이 됩니다. 특히 구는 어느 평면으로 잘라도 그 단면의 모양은 항상 원이 되며 구의 중심을 지나도록 자를 때의 단면의 넓이가 가장 크게 됩니다.

다음 페이지 그림은 회전체(원기둥과 원뿔, 원뿔대)의 전개도를 비교한 것입니다. 원기둥의 전개도에서 옆면인 직사각형의 가로의 길이는 밑면인 원의 둘레의 길이와 같고, 원뿔의 전개도에서 옆면인 부채꼴의 호의 길이

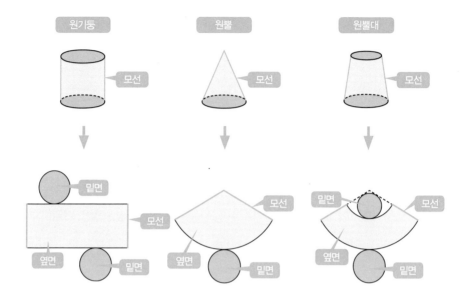

는 밑면인 원의 둘레의 길이와 같습니다. 원뿔대의 전개도에서 옆면의 모
양은 부채꼴의 일부 모양이 됩니다.

다면체는 모두 다각형으로 전개도를 그릴 수 있지만, 회전체는 구와
같이 전개도를 그릴 수 없는 경우도 있고 전개도를 그릴 수 있는 경우에도
다각형만으로는 나타낼 수 없습니다.

2. 입체도형의 겉넓이와 부피

(1) 기둥의 겉넓이와 부피

입체도형의 겉넓이는 겉면 전체에 붙여지는 포장지의 넓이를 구하는
것으로 이해할 수 있습니다. 이 포장지는 입체도형의 전개도와 넓이가 같
아지므로 입체도형의 전개도를 이용하면 편리하게 그 겉넓이를 구할 수

있습니다.

기둥의 전개도는 서로 합동인 2개의 밑면과 직사각형 모양의 옆면으로 이루어져 있으므로 기둥의 겉넓이도 두 밑넓이와 옆넓이의 합으로 구할 수 있습니다. 특히 전개도에서 옆면 전체 가로의 길이는 밑넓이의 둘레의 길이와 같으므로 옆넓이는 밑면의 둘레의 길이에 기둥의 높이를 곱해 계산하면 편리합니다. 즉 (기둥의 겉넓이)=(전개도의 넓이)=(밑넓이)×2+(옆넓이)이고, (옆넓이)=(밑면의 둘레의 길이)×(높이)입니다.

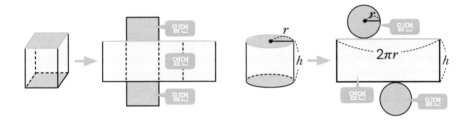

초등 과정에서 학습한 직육면체는 사각기둥으로 이해할 수 있습니다. 즉 (직육면체의 부피)={(가로)×(세로)}×(높이)=(밑넓이)×(높이)=(사각기둥의 부피)입니다. 이를 이용해 기둥의 부피를 알아봅시다.

사각기둥에서 높이는 같고 밑면이 2개의 삼각형이 되도록 자르면 삼각기둥 2개를 만들 수 있습니다. 이 삼각기둥의 밑넓이가 사각기둥의 밑넓이의 절반이고 높이는 동일하므로 삼각기둥의 부피도 사각기둥의 부피의 절반이 됨을 알 수 있습니다.

그리고 삼각기둥 3개를 붙여 오각기둥을 만들면

오각기둥의 부피는 삼각기둥의 부피의 3배가 됩니다. 따라서 모든 각기둥은 여러 개의 삼각기둥으로 나눌 수 있으므로 그 부피는 밑넓이와 높이의 곱으로 구할 수 있습니다.

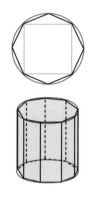

또한 밑면이 정다각형인 각기둥에서 밑면의 변의 수를 무수히 많이 늘려나가면 그 밑면은 원에, 입체도형은 원기둥에 가까워집니다. 그러므로 원기둥도 각기둥과 마찬가지로 밑넓이와 높이의 곱으로 구할 수 있습니다. 즉 각기둥과 원기둥 모두 (기둥의 부피)=(밑넓이)×(높이)입니다.

(2) 뿔의 겉넓이와 부피

각뿔과 원뿔의 겉넓이도 기둥의 겉넓이처럼 전개도를 이용해, 밑넓이와 옆넓이의 합으로 구합니다.

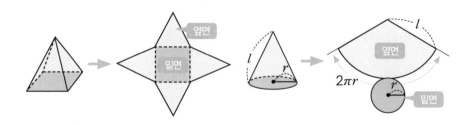

각뿔과 원뿔은 기둥과 달리 밑면이 1개이므로 (뿔의 겉넓이)=(전개도의 넓이)=(밑넓이)+(옆넓이)입니다. 이때 원뿔의 옆면을 이루는 부채꼴의 호의 길이는 밑면인 원의 둘레의 길이와 같고, 부채꼴의 반지름의 길이

는 원뿔의 모선의 길이와 같습니다.

또한 뿔대의 겉넓이는 두 밑넓이와 옆넓이의 합으로 구합니다. 뿔대의 밑면은 2개이지만 서로 합동이 아니므로 겉넓이를 구할 때, 밑넓이의 2배로 하지 않도록 주의합니다.

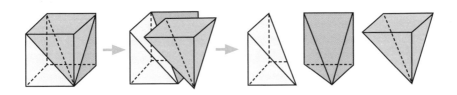

뿔의 부피는 밑면이 합동이고 높이가 같은 기둥의 부피를 3등분한 것과 같습니다. 예를 들어 정육면체를 3개의 합동인 사각뿔로 쪼갤 수 있으므로 각 사각뿔의 부피는 밑면이 합동이고 높이가 같은 정육면체의 부피의 $\frac{1}{3}$임을 알 수 있습니다.

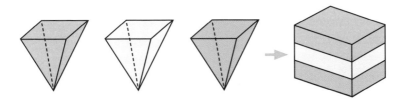

실제로 밑면이 합동이고 높이가 같은 기둥과 뿔 모양의 그릇을 이용해 확인해 보면, 사각뿔 그릇에 물이나 모래를 가득 담아 세 번 사각기둥 그릇에 부으면 가득 채워집니다. 마찬가지로 원뿔 그릇으로 세 번 부으면 원기둥이 가득 채워집니다. 따라서 (뿔의 부피)$=\frac{1}{3}\times$(기둥의 부피)$=\frac{1}{3}\times$(밑넓이)$\times$(높이)입니다.

(3) 구의 겉넓이와 부피

구는 전개도를 그릴 수 없고, 기둥이나 뿔과 달리 밑넓이와 높이가 정의되지 않으므로 구의 겉넓이와 부피는 실험을 통해 그 식을 구할 수 있습니다.

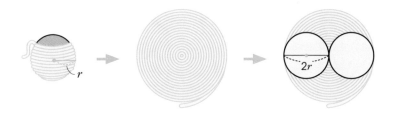

구의 표면에 끈을 감았다 풀어 평면 원을 만들면, 구의 지름의 길이를 반지름의 길이로 하는 원이 됩니다. 즉 반지름의 길이가 r인 구의 겉넓이는 반지름의 길이가 $2r$인 원의 넓이와 같습니다. 즉 (구의 겉넓이)$=\pi \times (2r)^2 = 4\pi r^2$입니다.

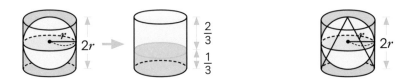

또한 밑면의 지름의 길이와 높이가 구의 지름의 길이와 같은 원기둥 안에 물을 가득 채우고 구를 넣었다가 뺐을 때, 남은 물은 원기둥의 부피의 $\frac{1}{3}$이고, 빈 공간은 원기둥의 부피의 $\frac{2}{3}$입니다. 이때 빈 공간의 부피는 구의 부피와 같으므로 반지름의 길이가 r인 구의 부피는 밑면의 반지름

의 길이가 r이고 높이가 $2r$인 원기둥의 부피의 $\dfrac{2}{3}$가 됩니다. 즉 (구의 부피)$=\dfrac{2}{3}\times(\pi r^2\times 2r)=\dfrac{4}{3}\pi r^3$입니다.

따라서 원기둥 안에 꼭 맞게 들어 있는 구와 원기둥의 부피의 비는 2:3이고, 원뿔은 원기둥과 1:3이므로 (원뿔의 부피):(구의 부피):(원기둥의 부피)=1:2:3입니다.

우리가 알아야 할 것

- 다면체는 다각형인 면으로만 둘러싸인 입체도형입니다.
- 정다면체는 각 면이 모두 합동인 정다각형이고, 각 꼭짓점에 모인 면의 개수가 모두 같은 다면체입니다.
- 회전체는 평면도형을 한 직선을 축으로 해서 1회전 시킬 때 생기는 입체도형입니다.
- 회전체를 회전축에 수직인 평면으로 자른 단면의 경계는 항상 원입니다.
- 회전체를 회전축을 포함하는 평면으로 자른 단면은 모두 합동이고, 회전축에 대해 선대칭도형입니다.
- (기둥의 겉넓이)=(밑넓이)×2+(옆넓이), (기둥의 부피)=(밑넓이)×(높이)
- (뿔의 겉넓이)=(밑넓이)+(옆넓이), (뿔의 부피)=$\dfrac{1}{3}$×(밑넓이)×(높이)
- (구의 겉넓이)=$4\pi r^2$, (구의 부피)=$\dfrac{3}{4}\pi r^3$

삼각형의 성질

무슨 의미냐면요

· · ·

　다면체의 각 면은 다각형으로 이루어져 있고 모든 다각형은 삼각형으로 분할할 수 있습니다. 이처럼 삼각형은 도형을 이루는 가장 기본적인 요소입니다. 이 단원에서는 이등변삼각형의 성질과 직각삼각형의 합동조건, 그리고 삼각형에 접하는 원의 중심에 대해 학습하며 다양한 삼각형의 성질을 이해할 수 있습니다.

좀 더 설명하면 이렇습니다

· · ·

1. 삼각형의 성질

(1) 이등변삼각형

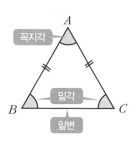

이등변삼각형의 정의는 '이등변'이라는 이름 그대로 두 변의 길이가 같은 삼각형입니다. 그리고 이등변삼각형에서 길이가 같은 두 변이 이루는 각($\angle A$)을 꼭지각, 꼭지각의 대변($\overline{BC}$)을 밑변, 밑변의 양 끝각($\angle B$, $\angle C$)을 밑각이라고 합니다. 이등변삼각형의 밑변은 밑에 있는 변이 아닌 꼭지각의 대변으로 길이가 같은 두 변의 위치에 따라 달라집니다.

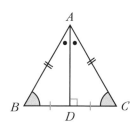

삼각형의 합동을 이용해 이등변삼각형의 성질을 이해해 봅시다. 왼쪽 그림과 같이 $\overline{AB}=\overline{AC}$인 이등변삼각형 ABC에서 꼭지각 A의 이등분선과 밑변 BC의 교점을 D라고 하면, $\overline{AB}=\overline{AC}$, $\angle BAD=\angle CAD$, $\overline{AD}$는 공통이므로 $\triangle ABD \equiv \triangle ACD$(SAS합동)입니다. 따라서 $\angle B=\angle C$이므로 두 밑각의 크기가 같습니다.

또한 $\angle ADB + \angle ADC = 180°$이므로 $\angle ADB = \angle ADC = 90°$입니다. 따라서 $\overline{AD} \perp \overline{BC}$이고 $\overline{BD}=\overline{CD}$이므로 꼭지각의 이등분선 $\overline{AD}$는 밑변 BC를 수직이등분합니다.

정리하면 이등변삼각형은 성질은 ①이등변삼각형의 두 밑각의 크기가 같고, ②이등변삼각형의 꼭지각의 이등분선은 밑변을 수직이등분합니다. 또한 꼭지각의 이등분선, 밑변의 수직이등분선, 꼭지각의 꼭짓점에서 밑변에 그은 수선, 꼭지각의 꼭짓점과 밑변의 중점을 지나는 직선 모두 같은 의미입니다.

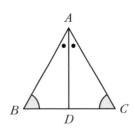

그러면 반대로 두 내각의 크기가 같은 삼각형은 이등변삼각형일까요? 왼쪽 그림과 같이 $\angle B = \angle C$인 $\triangle ABC$에서 $\angle A$의 이등분선과 변 BC의 교점을 D라고 합시다. $\angle B = \angle C$, $\angle BAD = \angle CAD$이고 삼각형의 세 내각의 크기의 합은 $180°$이므로 $\angle ADB = \angle ADC$입니다. $\overline{AD}$는 공통이므로 $\triangle ABD \equiv \triangle ACD$(ASA합동)입니다. 따라서 $\overline{AB} = \overline{AC}$이므로 두 내각의 크기가 같은 삼각형은 이등변삼각형입니다.

(2) 직각삼각형의 합동조건

한 내각의 크기가 $90°$인 삼각형을 직각삼각형이라고 하고, 직각삼각형에서 직각의 대변을 빗변이라고 합니다.

직각삼각형의 한 내각은 $90°$이고 삼각형의 세 내각의 크기의 합은 $180°$이므로 직각이 아닌 다른 두 예각의 크기의 합은 $90°$가 됩니다. 따라서 한 예각의 크기를 알면 다른 한 내각의 크기도 알 수 있고, 이를 이용해 삼각형의 합동조건보다 더 간단한 직각삼각형의 합동조건을 찾을 수 있습니다.

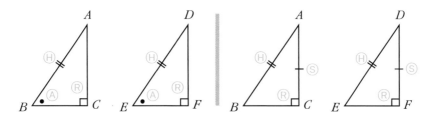

① 두 직각삼각형의 빗변의 길이와 한 예각의 크기가 같을 때(RHA합동)

➡ $\angle C = \angle F = 90°$(직각), $\overline{AB} = \overline{DE}$(빗변), $\angle B = \angle E$.

② 두 직각삼각형의 빗변의 길이와 다른 한 변의 길이가 같을 때(RHS합동)

➡ $\angle C = \angle F = 90°$(직각), $\overline{AB} = \overline{DE}$(빗변), $\overline{AC} = \overline{DF}$.

이를 직각삼각형의 합동조건이라고 합니다. Right angle(직각), Hypotenuse(빗변), Angle(각), Side(변)의 첫 글자를 사용해 RHA합동과 RHS 합동으로 간단히 나타낼 수 있습니다. 또한 직각삼각형의 합동조건은 반드시 한 각이 직각이고 빗변의 길이가 같을 때만 적용할 수 있습니다.

직각삼각형의 합동조건을 이용해, 각의 이등분선 위의 한 점에서 그 각의 두 변에 내린 수선의 길이가 서로 같음을 설명할 수 있습니다.

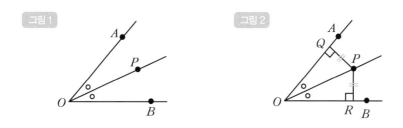

그림 1 에서 ∠AOB의 이등분선 위의 한 점 P를 잡고, 두 직선 AO와 OB에 수선의 발 Q와 R을 내립니다. 그러면 ∠PQO = ∠PRO = 90°, ∠AOP = ∠BOP, $\overline{PO}$(공통)이므로 △OPQ ≡ △OPR(RHA합동)입니다. 따라서 $\overline{PQ} = \overline{PR}$입니다. 또한 각의 이등분선 위의 어떤 점을 택해도 직각삼각형의 합동조건에 의해 그 점에서 두 변에 이르는 거리는 같습니다(그림 2).

2. 삼각형의 외심과 내심

(1) 삼각형의 외심

삼각형의 세 변의 수직이등분선은 한 점에서 만나게 됩니다. 이는 삼각형의 두 변의 수직이등분선의 교점에서 나머지 한 변에 내린 수선의 발이 그 변의 중점이 됨을 보여 확인할 수 있습니다.

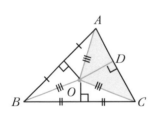

왼쪽 그림과 같이 △ABC에서 두 변 AB와 BC의 수직이등분선의 교점을 O라고 하고 점 O에서 변 AC에 내린 수선의 발을 D라고 하면, $\overline{OA} = \overline{OB}$, $\overline{OB} = \overline{OC}$이므로 $\overline{OA} = \overline{OC}$입니다. 또한 △OAD와 △OCD에서 ∠ADO = ∠CDO = 90°, $\overline{OA} = \overline{OC}$, $\overline{OD}$(공통)이므로 △OAD ≡ △OCD(RHS합동)입니다. 따라서 $\overline{AD} = \overline{CD}$입니다. 즉 $\overline{OD}$는 $\overline{CD}$의 수직이등분선이므로 △ABC의 세 변의 수직이등분선은 한 점 O에서 만납니다.

이때 점 O에서 세 꼭짓점에 이르는 거리는 같으므로 △ABC의 세 꼭짓점은 점 O를 중심으로 하고 반지름이 $\overline{OA} = \overline{OB} = \overline{OC}$인 원 위에 있습니다.

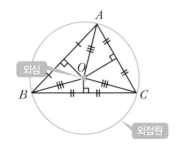

이처럼 △ABC의 세 꼭짓점이 원 O 위에 있을 때, 원 O는 △ABC에 외접한다고 하고, 원 O를 △ABC의 외접원이라고 합니다. 외접원의 중심 O를 △ABC의 외심이라고 합니다.

또한 삼각형의 세 변의 수직이등분선은 한 점(외심)에서 만나고, 외심에서 삼각형의 세 꼭짓점에 이르는 거리는 외접원의 반지름으로 모두 같습니다.

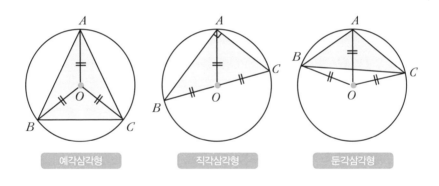

모든 삼각형에는 외심이 오직 하나 존재하는데, 예각삼각형은 삼각형의 내부, 둔각삼각형은 삼각형의 외부에 위치합니다. 특히 직각삼각형의 외심은 빗변의 중점이므로 빗변의 길이는 외접원의 반지름의 2배입니다.

삼각형의 외심의 성질을 이해하고 다양한 각의 크기를 구하는 데 응용할 수 있습니다.

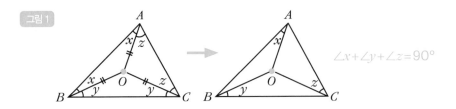

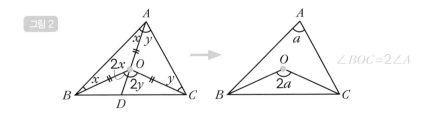

에서 점 O가 $\triangle ABC$의 외심일 때, $\overline{OA}=\overline{OB}=\overline{OC}$이므로 $\triangle OAB$, $\triangle OBC$, $\triangle OCA$는 모두 이등변삼각형입니다. $\angle OAB=\angle OBA=\angle x$, $\angle OBC=\angle OCB=\angle y$, $\angle OCA=\angle OAC=\angle z$라고 하면, 삼각형의 세 내각의 크기의 합은 $180°$이므로 $2(\angle x+\angle y+\angle z)=180°$이고, $\angle x+\angle y+\angle z=90°$입니다.

그림2 에서 $\overline{AO}$의 연장선이 $\overline{BC}$와 만나는 점을 D라고 하면, 삼각형의 한 외각의 크기는 이웃하지 않는 두 내각의 크기의 합과 같으므로 $\angle BOC=\angle BOD+\angle COD=2(\angle x+\angle y)=2\angle A$입니다.

(2) 삼각형의 내심

원 O와 직선 l이 한 점에서 만날 때, 직선 l은 원 O에 접한다고 하고, 직선 l을 원 O의 접선, 원과 직선이 만나는 점 T를 접점이라고 합니다. 이때 원의 접선은 그 접점을 지나는 반지름과 서로 수직($l\perp\overline{OT}$)입니다.

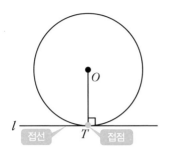

삼각형의 세 내각의 이등분선은 한 점에서 만나게 됩니다. 이는 두 내각의 이등분선의 교점과 나머지 한 꼭짓점을 연결한 선분이 나머지 한 각의 이등분선임을 확인할 수 있습니다.

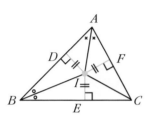

왼쪽 그림과 같이 $\triangle ABC$에서 $\angle A$와 $\angle B$의 이등분선의 교점을 I라고 하고, 점 I에서 세 변 AB, BC, CA에 내린 수선의 발을 각각 D, E, F라고 하면,

$\overline{ID}=\overline{IF}$, $\overline{ID}=\overline{IE}$입니다. 그리고 $\overline{CI}$를 그으면, $\triangle ICE$와 $\triangle ICF$에서 $\angle IEC=$ $\angle IFC=90°$, $\overline{IE}=\overline{IF}$, $\overline{CI}$(공통)이므로 $\triangle ICE \equiv \triangle ICF$(RHS합동)입니다. 따라서 $\angle ICE=\angle ICF$이므로 $\overline{CI}$는 $\angle C$의 이등분선입니다.

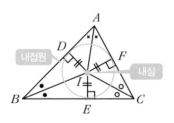

이때 점 I에서 세 변에 이르는 거리는 같으므로 $\triangle ABC$의 세 변은 모두 점 I를 중심으로 하고 반지름이 $\overline{ID}=\overline{IE}=\overline{IF}$인 원에 접합니다. 이처럼 $\triangle ABC$의 세 변이 원 I에 접할 때, 원 I는 $\triangle ABC$에 내접한다고 하고, 원 I를 $\triangle ABC$의 내접원이라고 합니다. 이때 내접원의 중심 I를 $\triangle ABC$의 내심이라고 합니다.

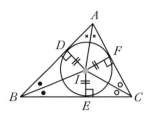

삼각형의 세 내각의 이등분선은 한 점(내심)에서 만나고, 내심에서 삼각형의 세 변에 이르는 거리는 같습니다. 모든 삼각형의 내심은 오직 하나씩, 삼각형의 내부에 존재합니다. 특히 정삼각형은 외심과 내심이 일치하고, 이등변삼각형은 외심과 내심이 모두 꼭지각의 이등분선 위에 위치합니다.

삼각형의 내심의 성질을 이해하고 선분의 길이나 각의 크기를 구하는데 응용할 수 있습니다. 점 I가 $\triangle ABC$의 내심일 때 $\triangle IAD \equiv \triangle IAF$, $\triangle IBD \equiv \triangle IBE$, $\triangle ICE \equiv \triangle ICF$(모두 RHS합동)입니다.

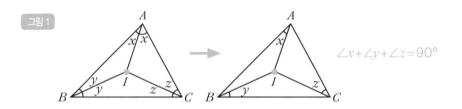

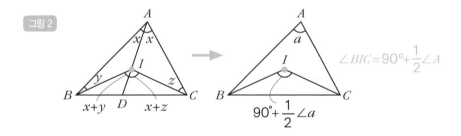

그림1 에서 $\angle IAB = \angle IAC = \angle x$, $\angle IBA = \angle IBC = \angle y$, $\angle ICB = \angle ICA = \angle z$라고 하면, 삼각형의 세 내각의 크기의 합은 $180°$이므로 $2(\angle x + \angle y +$

$\angle z)=180°$이고, $\angle x+\angle y+\angle z=90°$입니다.

그림 2 에서 $\overline{AI}$의 연장선이 $\overline{BC}$와 만나는 점을 D라고 하면, 삼각형의 한 외각의 크기는 이웃하지 않은 두 내각의 크기의 합과 같으므로 $\angle BIC=\angle BID+\angle CID=(\angle x+\angle y+\angle z)+\angle x=90°+\dfrac{1}{2}\angle A$입니다.

우리가 알아야 할 것 ＋

· 이등변삼각형의 두 밑각의 크기가 같고, 꼭지각의 이등분선은 밑변을 수직이등분합니다.

· 두 내각의 크기가 같은 삼각형은 이등변삼각형입니다.

· 두 직각삼각형이 합동이 되는 조건은 빗변의 길이와 한 예각의 크기가 같을 때(RHA합동), 빗변의 길이와 다른 한 변의 길이가 같을 때(RHS합동)입니다.

· 삼각형의 세 변의 수직이등분선은 한 점(외심)에서 만나고, 외심에서 삼각형의 세 꼭짓점에 이르는 거리는 같습니다.

· 삼각형의 세 내각의 이등분선은 한 점(내심)에서 만나고, 내심에서 삼각형의 세 변에 이르는 거리는 같습니다.

사각형의 성질

· · ·

평행사변형은 마주 보는 두 쌍의 변이 서로 평행한 사각형입니다. 이처럼 사각형들은 정의에 따라 사다리꼴, 평행사변형, 마름모, 직사각형, 정사각형으로 분류합니다. 이 단원에서는 여러 가지 사각형이 갖는 성질과 그들 사이의 관계를 학습합니다.

좀 더 설명하면 이렇습니다

...

1. 평행사변형의 성질

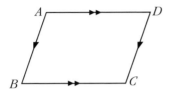

□$ABCD$은 사각형 $ABCD$ 또는 사각형 $ABCD$의 넓이를 나타내는 기호로 사용됩니다. 또한 평행사변형의 정의는 두 쌍의 대변(마주 보는 변)이 서로 평행한 사각형이고, □$ABCD$가 평행사변형이면 $\overline{AB} /\!/ \overline{CD}, \overline{AD} /\!/ \overline{BC}$ 입니다. 그러면 두 평행선이 한 직선과 만날 때 동위각과 엇각의 크기가 같음을 이용해 평행사변형의 성질을 알아봅시다.

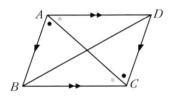

평행사변형 $ABCD$에서 대각선 AC를 그으면, $\angle BAC = \angle DCA$(엇각), $\angle BCA = \angle DAC$(엇각)이고, $\overline{AC}$는 공통이므로 $\triangle ABC \equiv \triangle CDA$(ASA합동)입니다. 따라서 $\overline{AB} = \overline{CD}, \overline{BC} = \overline{DA}$이고, $\angle A = \angle C$, $\angle B = \angle D$입니다. 즉 두 쌍의 대변의 길이와 두 쌍의 대각의 크기는 각각 같게 됩니다.

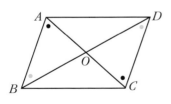

또한 평행사변형 $ABCD$의 두 대각선의 교점을 O라고 하면, $\angle ABO = \angle CDO$ (엇각), $\angle BAO = \angle DCO$(엇각), $\overline{AB} = \overline{CD}$이므로 $\triangle ABO \equiv \triangle CDO$(ASA합동)입니다. 따라서 $\overline{OA} = \overline{OC}, \overline{OB} = \overline{OD}$이므로 두 대각선은 서로를 이등분합니다.

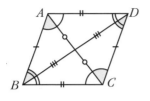

앞에서 확인한 평행사변형의 성질을 정리해 보면, 평행사변형은 ① 두 쌍의 대변의 길이가 각각 같고, ② 두 쌍의 대각의 크기도 각각 같으며, ③ 두 대각선은 서로를 이등분합니다.

그러면 사각형이 어떠한 조건을 만족시켜야 두 쌍의 대변이 서로 평행하게 되어 평행사변형이 되는지 알아보겠습니다.

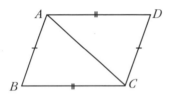

두 쌍의 대변의 길이가 각각 같은 □$ABCD$를 생각해 봅시다. 대각선 AC를 그으면, $\overline{AB}=\overline{CD}$, $\overline{BC}=\overline{DA}$이고, $\overline{AC}$는 공통이므로 $\triangle ABC \equiv \triangle CDA$(SSS합동)입니다. $\angle BAC=\angle DCA$, $\angle BCA=\angle DAC$로 엇각의 크기가 서로 같으므로 $\overline{AB} /\!/ \overline{DC}$, $\overline{AD} /\!/ \overline{BC}$이고, □$ABCD$는 평행사변형입니다. 즉 두 쌍의 대변의 길이가 각각 같은 사각형은 평행사변형입니다.

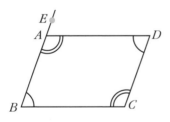

두 쌍의 대각의 크기가 같은 □$ABCD$에서, 내각의 크기의 합 $\angle A+\angle B+\angle C+\angle D=360°$이므로 $\angle A+\angle B=180°$입니다. $\overline{AB}$의 연장선 위에 한 점 E를 잡으면 $\angle BAD+\angle EAD=180°$이므로 $\angle B=\angle EAD$입니다. 동위각의 크기가 서로 같으므로 $\overline{AD} /\!/ \overline{BC}$이고, 같은 방법으로 $\overline{AB} /\!/ \overline{DC}$가 되어 □$ABCD$는 평행사변형입니다. 즉 두 쌍의 대각의 크기가 같은 사각형은 평행사변형입니

다. 또한 평행사변형은 이웃하는 두 내각의 크기의 합이 항상 $180°$가 됨을 알 수 있습니다.

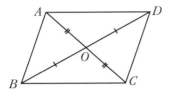

두 대각선이 서로를 이등분하는 $\square ABCD$에서, 두 대각선의 교점을 O라고 합시다. $\overline{OA}=\overline{OC}$, $\overline{OB}=\overline{OD}$, $\angle AOB=\angle COD$(맞꼭지각)이므로 $\triangle OAB \equiv \triangle OCD$(SAS합동)이고, 같은 방법으로 $\triangle OBC \equiv \triangle ODA$(SAS합동)입니다. $\angle OAB=\angle OCD$, $\angle OBC=\angle ODA$으로 엇각의 크기가 서로 같으므로 $\overline{AB}=\overline{DC}$, $\overline{AD}=\overline{BC}$이고, $\square ABCD$는 평행사변형입니다. 즉 두 대각선이 서로를 이등분하는 사각형은 평행사변형입니다. 또한 평행사변형의 넓이는 한 대각선에 의해 동일한 넓이로 이등분되고, 두 대각선에 의해 사등분됨을 알 수 있습니다.

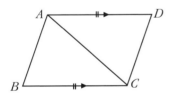

$\overline{AD}\,/\!/\,\overline{BC}$이고 $\overline{AD}=\overline{BC}$인 $\square ABCD$에서 대각선 AC를 그어 봅시다. $\overline{BC}=\overline{DA}$, $\angle ACB = \angle CAD$(엇각), $\overline{AC}$는 공통이므로 $\triangle ABC \equiv \triangle CDA$(SAS합동)입니다. $\angle BAC = \angle DCA$으로 엇각의 크기가 같으므로 $\overline{AB}\,/\!/\,\overline{DC}$가 되고, $\square ABCD$는 평행사변형입니다. 즉 한 쌍의 대변이 평행하고, 그 길이가 같은 사각형은 평행사변형입니다.

위에서 증명한 내용을 정리해 보면, 다음 조건 중 어느 하나라도 만족시키는 사각형은 평행사변형입니다.

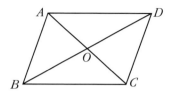

2. 여러 가지 사각형

평행사변형에서도 네 각의 크기가 같은지, 네 변의 길이가 같은지에 따라 직사각형이나 마름모라고 합니다. 이처럼 사각형을 그 성질에 따라 분류하고 여러 가지 사각형 사이의 관계를 알아보겠습니다.

먼저 직사각형부터 알아봅시다. 네 내각의 크기가 $90°$로 모두 같은 사각형을 직사각형이라고 합니다. 직사각형은 두 쌍의 대각의 크기가 같으므로 평행사변형이 되고, 평행사변형의 성질을 모두 만족시킵니다.

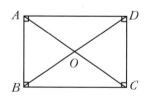

직사각형 $ABCD$에서 두 대각선 두 대각선 AC, BD의 교점을 O라고 합시다. $\angle ABC=$ $\angle DCB=90°$, $\overline{BC}$는 공통이고, $\overline{AB}=\overline{DC}$이므로 $\triangle ABC \equiv \triangle DCB$(SAS합동)입니다. 그러면 $\overline{AC}=\overline{DB}$이므로 직사각형의 두 대각선의 길이는 같습니다. 또한 평행사변

형의 성질에 의해 대각선은 서로를 이등분하므로 $\overline{OA}=\overline{OB}=\overline{OC}=\overline{OD}$입니다. 따라서 직사각형은 두 대각선의 길이가 같고 서로 다른 것을 이등분합니다.

평행사변형이 ① 한 내각이 직각이거나 ② 두 대각선의 길이가 같다는 조건 중 하나라도 만족하면 직사각형이 됩니다.

마름모는 네 변의 길이가 모두 같은 사각형이고, 두 쌍의 대변의 길이가 각각 같으므로 평행사변형이 됩니다.

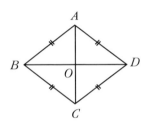

마름모 $ABCD$에서 두 대각선 AC, BD의 교점을 O라고 합시다. $\overline{AB}=\overline{AD}$, $\overline{OA}$는 공통이고 $\overline{OB}=\overline{OD}$이므로 $\triangle ABO \equiv \triangle ADO$(SSS 합동)입니다. $\angle AOB = \angle AOD$이고 $\angle AOB +$ $\angle AOD = 180^{\circ}$이므로 $\angle AOB = \angle AOD = 90^{\circ}$입니다. 즉 마름모의 두 대각선은 서로 수직($\overline{AC} \perp \overline{BD}$)입니다. 또한 평행사변형의 성질에 의해 대각선은 서로를 이등분하므로 $\overline{OA}=\overline{OC}$, $\overline{OB}=\overline{OD}$입니다. 따라서 마름모의 두 대각선은 서로 다른 것을 수직이등분합니다. 이때 두 대각선이 서로 수직인 사각형이 모두 마름모가 되는 것은 아님에 주의합니다.

평행사변형이 ①이웃하는 두 변의 길이가 같거나 ②두 대각선이 수직으로 만난다는 조건 중 하나라도 만족하면 마름모가 됩니다.

정사각형은 네 변의 길이가 모두 같고 네 내각의 크기도 90°로 모두 같은 사각형입니다. 정사각형은 마름모이면서 동시에 직사각형이므로 마름모와 직사각형의 성질을 모두 만족시킵니다. 따라서 정사각형은 두 대각선은 길이가 같고 서로를 수직이등분합니다.

직사각형이 마름모의 성질인 ① 이웃하는 두 변의 길이가 같거나 ② 두 대각선이 수직으로 만난다는 조건 중 하나라도 만족하면 정사각형이 됩니다. 또한 마름모는 직사각형의 성질인 ① 한 내각이 직각이거나 ② 두 대각선의 길이가 같다는 조건 중 하나라도 만족하면 정사각형이 됩니다.

이제 지금까지 살펴본 사각형의 성질을 바탕으로 사각형들 사이의 관계에 대해서 정리하고 도식화해 봅시다.

사다리꼴은 한 쌍의 대변이 서로 평행한 사각형입니다. 여기에서 다른 한 쌍의 대변이 평행하게 되면 평행사변형이 됩니다. 평행사변형에서 한 내각의 크기가 $90°$인 것은 직사각형이 되고, 이웃한 두 변의 길이가 서로 같은 것은 마름모가 됩니다. 그리고 직사각형이면서 마름모인 것은 정사각형이 됩니다.

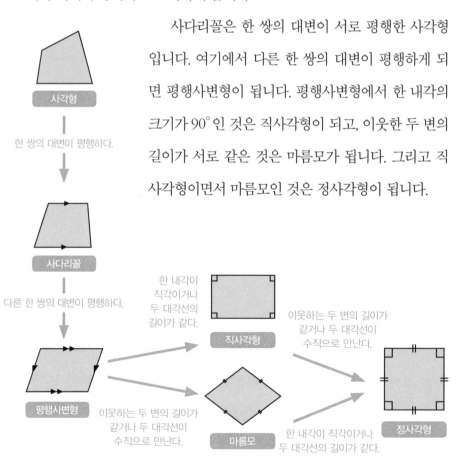

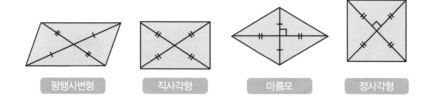

| 평행사변형 | 직사각형 | 마름모 | 정사각형 |

또한 사각형의 대각선의 성질을 정리해 보면, 평행사변형은 서로 다른 것을 이등분하고, 직사각형은 길이가 같고 서로 다른 것을 이등분합니다. 마름모는 서로 다른 것을 수직이등분하고, 정사각형은 길이가 같고 서로 다른 것을 수직이등분합니다.

우리가 알아야 할 것 ＋

- 평행사변형은 두 쌍의 대변이 평행한 사각형입니다.
- 평행사변형은 두 쌍의 대변의 길이와 두 쌍의 대각의 크기가 각각 같고, 두 대각선은 서로를 이등분하는 성질을 갖습니다.
- 평행사변형의 성질 중 하나를 만족하거나 한 쌍의 대변이 평행하고, 그 길이가 같은 사각형은 평행사변형이 됩니다.
- 직사각형의 두 대각선은 길이가 같고 서로를 이등분합니다.
- 마름모의 두 대각선은 서로를 수직이등분합니다.
- 정사각형의 두 대각선은 길이가 같고 서로를 수직이등분합니다.

도형의 닮음

무슨 의미냐면요

. . .

수학에서는 한 도형을 일정한 비율로 확대하거나 축소해 다른 도형과 합동되는 것을 도형의 닮음이라고 합니다. 특히 두 삼각형이 닮음이 되기 위한 조건을 이해하고 이를 이용해 평행선 사이의 선분의 길이의 비와 삼각형의 무게중심의 성질을 설명할 수 있습니다.

1. 도형의 닮음

실생활에서 모양은 똑같지만 크기가 다른 경우를 흔히 볼 수 있습니다. A4 종이의 긴 변을 반으로 자르면 모양은 똑같고 크기만 절반으로 축소된 A5 종이가 됩니다. 또는 복사기에서 종이를 일정한 비율로 확대하거나 축소해 복사하기도 하고, 건물이나 도시를 실제 모양과 똑같이 축소해 모형을 만들기도 합니다.

이처럼 두 도형이 모양은 완전히 똑같고 크기만 달라서 한 도형을 일정한 비율로 확대하거나 축소해 다른 도형과 합동이 될 때, 수학에서는 이 두 도형은 서로 닮음인 관계에 있다고 합니다. 예를 들어 두 원, 두 정 n각형, 두 직각이등변삼각형, 중심각의 크기가 같은 두 부채꼴 등과 같은 평면도형과 두 구, 두 정n면체 등과 같은 입체도형은 항상 서로 닮음이 됩니다.

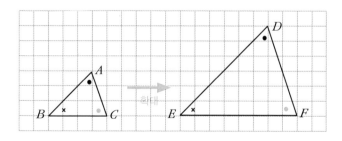

$\triangle ABC$와 $\triangle DEF$가 서로 닮음인 관계에 있으면 두 도형을 닮은 도형이

라고 하고, 기호 △ABC∽△DEF로 나타냅니다. 이때 닮은 도형을 기호로 나타낼 때는 대응점(대응하는 꼭짓점)의 순서를 맞추어 쓰도록 합니다. 닮음의 기호 ∽는 알파벳 S를 옆으로 눕혀서 쓴 것으로 기억하면 편리합니다.

서로 닮은 도형 △ABC와 △DEF의 대응변의 길이의 비는 $\overline{AB}:\overline{DE}=\overline{BC}:\overline{EF}=\overline{CA}:\overline{FD}=1:2$으로 일정하고, 이를 △ABC와 △DEF의 닮음비라고 합니다. 또한 대응각의 크기는 ∠A=∠D, ∠B=∠E, ∠C=∠F으로 서로 같습니다. 즉 서로 닮은 두 평면도형에서 ① 대응변의 길이의 비는 닮음비로 일정하고, ② 대응각의 크기는 각각 같습니다.

일반적으로 닮음비는 가장 간단한 자연수의 비로 나타냅니다. 서로 닮은 두 도형의 닮음비가 1:1이면 두 도형은 서로 합동입니다.

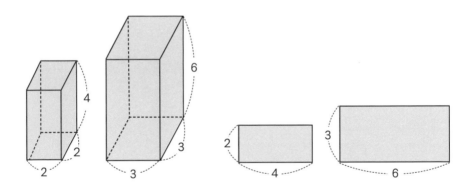

위 그림과 같이 서로 닮음인 입체도형에서는 평면도형과 마찬가지로 대응하는 모서리의 길이의 비인 2:3을 닮음비라고 합니다. 즉 서로 닮은 두 입체도형에서 ① 대응하는 모서리의 길이의 비는 닮음비로 일정하고, ② 대응하는 면은 서로 닮은 도형입니다.

닮음비가 2:3인 두 직사각형의 넓이의 비는 $(2 \times 4):(3 \times 6)=8:18$ $=4:9=2^2:3^2$입니다. 그리고 닮음비가 2:3인 입체도형에서 부피의 비는 $(2 \times 2 \times 4):(3 \times 3 \times 6)=16:54=8:27=2^3:3^3$입니다. 이처럼 두 평면도형의 닮음비가 $m:n$이면 넓이의 비는 $m^2:n^2$이고, 두 입체도형의 닮음비가 $m:n$이면 겉넓이의 비는 $m^2:n^2$, 부피의 비는 $m^3:n^3$입니다.

2. 삼각형의 닮음

삼각형의 모양과 크기가 한 가지로 정해지는 3가지 경우에 대해 세 쌍의 대응변의 길이가 같을 때 SSS합동, 두 쌍의 대응변의 길이가 같고 그 끼인각의 크기가 같을 때 SAS합동, 한 쌍의 대응변의 길이가 같고 그 양 끝각의 크기가 같을 때 ASA합동임을 배웠습니다.

삼각형의 닮음이 되기 위해서는 한 도형을 일정한 비율로 확대하거나 축소해 다른 도형과 합동이 되어야 하므로, 삼각형의 합동조건을 이용해 삼각형의 닮음조건을 찾을 수 있습니다.

1 세 쌍의 대응변의 길이의 비가 같을 때(SSS닮음)

➡ $a:a'=b:b'=c:c'$

2 두 쌍의 대응변의 길이의 비가 같고 그 끼인각의 크기가 같을 때(SAS닮음)

➡ $a:a'=c:c', \angle B=\angle B'$

3 두 쌍의 대응각의 크기가 각각 같을 때(AA닮음)

➡ $\angle B=\angle B', \angle C=\angle C'$

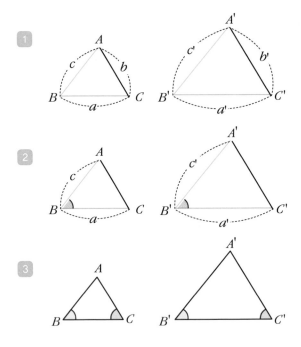

③ 의 경우에서 삼각형의 세 내각의 합은 $180°$ 이므로 두 대응각의 크기가 같으면 다른 한 각의 크기도 같아집니다. 즉 두 쌍의 대응각의 크기만 같아도 두 삼각형의 모양은 같아지므로 두 삼각형은 서로 AA닮음입니다. 또한 직각삼각형에서 직각이 아닌 다른 한 쌍의 대응각의 크기만 같아도 두 직각삼각형은 서로 닮은 도형(AA닮음)이 됩니다. 이를 이용해 직각삼각형의 여러 가지 성질을 알아봅시다.

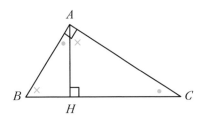

$∠A=90°$ 인 직각삼각형 ABC 에서 꼭짓점 A 에서 빗변 BC 에 내린 수선의 발을 H 라고 할 때$(\overline{AH}\perp\overline{BC})$, 직각삼각형 ABC, HBA, HAC 는 서

로 닮은 도형($\triangle ABC \backsim \triangle HBA \backsim \triangle HAC$)입니다.

1 $\triangle ABC \backsim \triangle HBA$이므로 $\overline{AB} : \overline{HB} = \overline{BC} : \overline{BA}$

$$\therefore \overline{AB}^2 = \overline{BH} \times \overline{BC}.$$

2 $\triangle ABC \backsim \triangle HAC$이므로 $\overline{BC} : \overline{AC} = \overline{AC} : \overline{HC}$

$$\therefore \overline{AC}^2 = \overline{CH} \times \overline{CB}.$$

3 $\triangle HBA \backsim \triangle HAC$이므로 $\overline{BH} : \overline{AH} = \overline{AH} : \overline{CH}$

$$\therefore \overline{AH}^2 = \overline{HB} \times \overline{HC}.$$

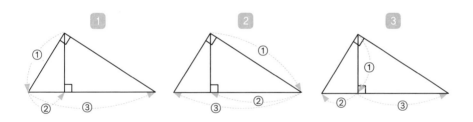

각 식은 그림처럼 **1**^{2}= **2** ×**3** 꼴로 기억하면 편리합니다. 또한 직각 삼각형 ABC의 넓이는 $\dfrac{1}{2} \times \overline{AB} \times \overline{AC}$와 $\dfrac{1}{2} \times \overline{AH} \times \overline{BC}$으로 구하고 그 값이 동일하므로 다음 식이 성립합니다.

$$\therefore \overline{AB} \times \overline{AC} = \overline{AH} \times \overline{BC}.$$

3. 평행선 사이의 선분의 길이의 비

(1) 삼각형에서 평행선과 선분의 길이의 비

앞서 평행선의 성질에 대해, 한 평면 위에서 서로 다른 두 직선이 한 직선과 만날 때 두 직선이 평행하면 동위각과 엇각의 크기가 같고, 동위각이나 엇각의 크기가 같으면 두 직선은 평행함을 배웠습니다. 이를 이용해 삼각형의 한 변에 평행한 직선에 의해 생기는 선분들의 길이의 비를 알아봅시다.

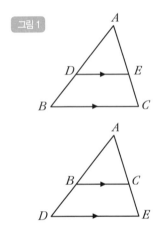

그림1

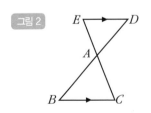

그림2

그림1 의 $\triangle ABC$에서 변 BC에 평행한 직선과 두 변 AB, AC 또는 그 연장선의 교점을 각각 D, E라고 하면, $\angle A$는 공통이고 $\angle ABC = \angle ADE$(동위각)이므로 $\triangle ABC \backsim \triangle ADE$(AA닮음)입니다.

또한 그림2 의 $\triangle ABC$에서 변 BC에 평행한 직선과 두 변 AB, AC 연장선의 교점을 각각 D, E라고 하면, $\angle BAC = \angle DAE$(맞꼭지각)이고 $\angle ABC = \angle ADE$(엇각)이므로 $\triangle ABC \backsim \triangle ADE$(AA닮음)입니다.

따라서 위의 3가지 경우 모두 $\overline{AB}:\overline{AD} = \overline{AC}:\overline{AE} = \overline{BC}:\overline{DE}$는 두 삼각형의 닮음비와 같습니다.

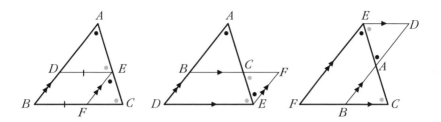

그리고 위의 그림과 같이 △ABC에서 점 E를 지나고 변 AB에 평행한 직선과 변 BC 또는 그 연장선의 교점을 F라고 하면, 평행선과 엇각의 성질에 의해 $\angle DAE = \angle FEC$, $\angle AED = \angle ECF$이므로 $\triangle ADE \backsim \triangle EFC$(AA 닮음)입니다. $\overline{AD} : \overline{EF} = \overline{AE} : \overline{EC}$이고 평행사변형 $DBFE$에서 $\overline{DB} = \overline{EF}$이므로 $\overline{AD} : \overline{DB} = \overline{AE} : \overline{EC}$입니다.

따라서 삼각형에서 평행선에 의해 생기는 선분의 길이의 비의 관계를 정리하면 다음과 같습니다. △ABC에서 두 변 AB, AC 또는 그 연장선의 교점이 각각 D, E일 때 다음이 성립합니다.

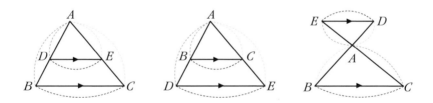

① $\overline{BC} /\!/ \overline{DE}$ 이면 $\overline{AB} : \overline{AD} = \overline{AC} : \overline{AE} = \overline{BC} : \overline{DE}$.

② $\overline{AB} : \overline{AD} = \overline{AC} : \overline{AE} = \overline{BC} : \overline{DE}$ 이면 $\overline{BC} /\!/ \overline{DE}$.

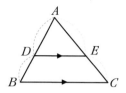 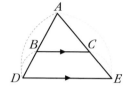 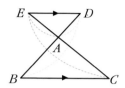

이때 $\overline{AD}:\overline{DB}\neq\overline{DE}:\overline{BC}$임에 주의합니다.

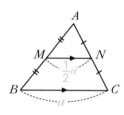

특히 $\triangle ABC$에서 두 변 AB, AC의 중점을 각각 M, N이라 하면, $\triangle ABC$과 $\triangle AMN$의 닮음비는 2:1이므로 $\overline{MN} /\!/ \overline{BC}$이고 $\overline{MN}=\dfrac{1}{2}\overline{BC}$입니다. 즉 삼각형에서 두 변의 중점을 연결한 선분은 나머지 한 변과 평행합니다.

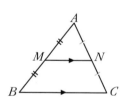

반대로 $\triangle ABC$에서 변 AB의 중점 M을 지나고 변 BC에 평행한 직선과 변 AC의 교점을 N이라 하면, $\overline{AN}=\overline{NC}$입니다. 즉 삼각형의 한 변의 중점을 지나고 다른 한 변에 평행한 직선은 나머지 한 변의 중점을 지나게 됩니다.

(2) 평행선 사이의 선분의 길이의 비

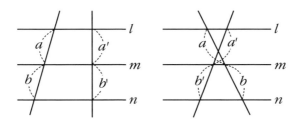

3개 이상의 평행선이 다른 두 직선과 만나서 생긴 선분의 길이의 비는 같습니다. 즉 $l /\!/ m /\!/ n$이면 $a : b = a' : b'$ 또는 $a : a' = b : b'$입니다.

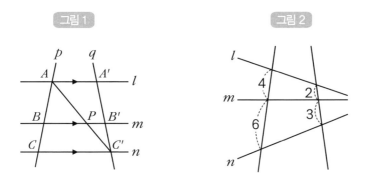

그림 1 을 보며 확인해 봅시다. 3개의 평행한 직선 l, m, n과 두 직선 p, q의 교점을 각각 A, B, C, A', B', C'라고 하고, $\overline{AC'}$와 직선 m의 교점을 P라고 하면, $\triangle ACC'$에서 $\overline{BP} /\!/ \overline{CC'}$이므로 $\overline{AB} : \overline{BC} = \overline{AP} : \overline{PC'}$이고, $\triangle C'A'A$에서 $\overline{B'P} /\!/ \overline{A'A}$이므로 $\overline{AP} : \overline{PC'} = \overline{A'B'} : \overline{B'C'}$입니다. 따라서 $\overline{AB} : \overline{BC} = \overline{A'B'} : \overline{B'C'}$임을 알 수 있습니다. 하지만 그림 2 와 같이 평행선 사이의 선분의 길이의 비가 2:3으로 같다고 해서 세 직선 l, m, n이 서로 평

행한 것은 아님에 주의합니다.

사다리꼴 $ABCD$에서 $\overline{AD} /\!/ \overline{EF} /\!/ \overline{BC}$이고 $\overline{AD}=a$, $\overline{BC}=b$, $\overline{AE}=m$, $\overline{EB}=n$일 때, 평행선 사이의 선분의 길이의 비를 이용해 $\overline{EF}$의 길이를 구해 봅시다(그림 3).

그림 4 에서 대각선 AC와 $\overline{EF}$의 교점을 G라고 하면 $\triangle ABC$에서 $\overline{AE}{:}\overline{AB}=\overline{EG}{:}\overline{BC}$이므로 $m{:}(m+n)=\overline{EG}{:}b$입니다. 즉 $\overline{EG}=\dfrac{bm}{m+n}$. $\triangle CDA$에서 $\overline{CF}{:}\overline{CD}=\overline{GF}{:}\overline{AD}$이므로 $n{:}(m+n)=\overline{GF}{:}a$입니다. 즉 $\overline{GF}=\dfrac{an}{m+n}$. 따라서 $\overline{EF}=\overline{EG}{:}\overline{GF}=\dfrac{bm}{m+n}+\dfrac{an}{m+n}=\dfrac{an+bm}{m+n}$입니다.

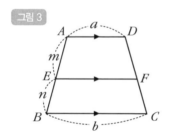

그림 3

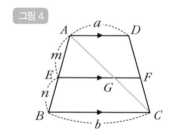

그림 4

4. 삼각형의 무게중심

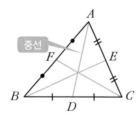

삼각형의 한 꼭짓점과 그 대변의 중점을 이은 선분을 중선이라고 하며, 삼각형의 한 중선은 삼각형의 넓이를 이등분합니다. 즉 $\overline{AD}$가 $\triangle ABC$의 중선이면 $\triangle ABD=\triangle ACD=\dfrac{1}{2}\triangle ABC$입니다. 한 삼각형에는 3개의 중선이 있고, 정삼각형의 세 중선의 길이는 모두 같습니다.

삼각형의 닮음조건을 이용해 삼각형의 세 중선이 한 점에서 만나게 됨을 확인해 봅시다.

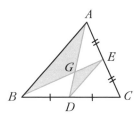

$\triangle ABC$에서 두 중선 AD와 BE의 교점을 G라고 하면, 삼각형에서 두 변의 중점을 연결한 선분은 나머지 한 변과 평행하므로 $\overline{DE} /\!/ \overline{AB}$이고 $\overline{DE} = \dfrac{1}{2}\overline{AB}$입니다. 따라서 $\triangle GAB \varpropto \triangle GDE$이고 닮음비는 2:1이므로 $\overline{BG}:\overline{GE} = 2:1$입니다.

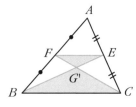

$\triangle ABC$에서 두 중선 CF와 BE의 교점을 G'라고 하면, 위와 같은 방법으로 $\overline{BG'}:\overline{G'E} = 2:1$입니다. 즉 두 점 G와 G'은 같은 선분 BE를 2:1로 나누는 점으로 일치하게 됩니다.

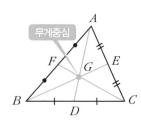

이처럼 ① 삼각형의 세 중선은 한 점에서 만나고, 이 점은 ② 세 중선의 길이를 각 꼭짓점으로부터 각각 2:1로 나누게 되는데, 이 점을 삼각형의 무게중심이라고 합니다. 즉 $\triangle ABC$의 무게중심을 G라고 하면, $\overline{AG}:\overline{GD} = \overline{BG}:\overline{GE} = \overline{CG}:\overline{GF} = 2:1$입니다.

이때 삼각형의 세 중선에 의해 나누어지는 6개의 삼각형의 넓이는 모두 같게 됩니다. $\triangle GAF = \triangle GBF = \triangle GBD = \triangle GCD = \triangle GCE = \triangle GAE = \dfrac{1}{6}\triangle ABC$입니다.

우리가 알아야 할 것

- 한 도형을 일정한 비율로 확대하거나 축소한 도형이 다른 도형과 합동일 때, 두 도형은 서로 닮음인 관계에 있다고 하고, 이 두 도형을 닮은 도형이 라고 합니다.

- $\triangle ABC$와 $\triangle DEF$가 서로 닮은 도형일 때, 기호 $\triangle ABC \backsim \triangle DEF$로 나타냅니다.

- 서로 닮은 두 도형에서 대응변의 길이의 비를 닮음비라고 합니다.

- 삼각형의 닮음조건은 세 쌍의 대응변의 길이의 비가 같을 때(SSS닮음), 두 쌍의 대응변의 길이의 비가 같고 그 끼인각의 크기가 같을 때(SAS닮음), 두 쌍의 대응각의 크기가 각각 같을 때(AA닮음)입니다.

- 3개 이상의 평행선이 다른 두 직선과 만나서 생긴 선분의 길이의 비는 같습니다.

- 삼각형의 무게중심은 세 중선의 교점으로, 세 중선의 길이를 꼭짓점으로 부터 2:1로 나눕니다.

피타고라스 정리

무슨 의미냐면요

· · ·

직각삼각형에서 가장 긴 변의 제곱은 다른 두 변의 길이의 제곱의 합
과 같습니다. 이러한 직각삼각형의 성질을 그리스 수학자 피타고라스의
이름을 붙여 피타고라스 정리라고 합니다. 피타고라스 정리를 이용해 직
각삼각형이 되는 조건과 직각삼각형의 세 변의 길이의 관계를 알 수 있습
니다.

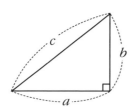

직각삼각형에서 직각을 낀 두 변의 길이를 각각 a, b라고 하고 빗변의 길이를 c라고 하면 $a^2+b^2=c^2$이 성립합니다. 즉 직각을 낀 두 변의 길이의 제곱의 합은 빗변의 길이의 제곱과 같습니다. 이와 같은 직각삼각형의 성질을 피타고라스 정리라고 합니다. 이때 빗변의 길이는 가장 긴 변으로 직각의 대변입니다.

피타고라스 정리를 확인하는 방법은 수백 가지가 있다고 하지만, 여기에서는 문제에서 자주 출제되는 2가지 방법으로 확인해 보겠습니다.

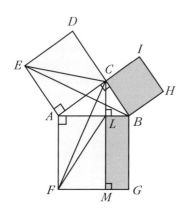

먼저 유클리드의 방법으로 살펴봅시다. 왼쪽 그림과 같이 $\angle C=90°$인 직각삼각형 ABC의 세 변을 각각 한 변으로 하는 정사각형 $ACDE$, $AFGB$, $BHIC$를 그리고, 점 C에서 선분 AB에 내린 수선의 발을 L, 그 연장선과 선분 FG의 교점을 M이라 합시다.

1 $\overline{DB}/\!/\overline{EA}$이므로 $\triangle ACE=\triangle ABE$.

2 $\overline{EA}=\overline{CA}$, $\overline{AB}=\overline{AF}$, $\angle EAB=90°+\angle CAB=\angle CAF$이므로 $\triangle ABE\equiv\triangle AFC$

(SAS합동)이고, $\triangle ABE=\triangle AFC$.

3 $\overline{CM}/\!/\overline{AF}$이므로 $\triangle AFC=\triangle AFL$.

4 $\triangle ACE=\triangle ABE=\triangle AFC=\triangle AFL$이므로 $\square ACDE=\square AFML$. 같은 방법

으로 $\square BHIC=\square LMGB$.

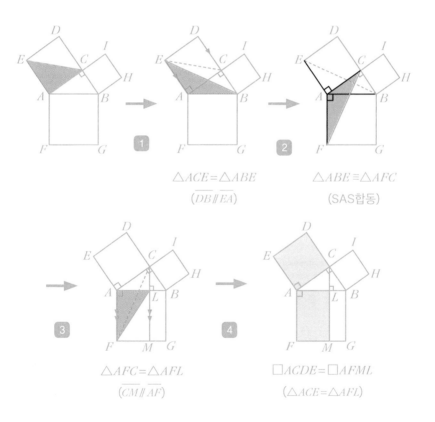

$\triangle ACE=\triangle ABE$
$(\overline{DB}/\!/\overline{EA})$

$\triangle ABE\equiv\triangle AFC$
(SAS합동)

$\triangle AFC=\triangle AFL$
$(\overline{CM}/\!/\overline{AF})$

$\square ACDE=\square AFML$
$(\triangle ACE=\triangle AFL)$

따라서 $\square AFGB=\square ACDE+\square BHIC$이므로 $\overline{AB}^2=\overline{AC}^2+\overline{BC}^2$입니다.

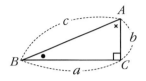

다항식의 곱셈을 이용한 피타고라스 정리를 확인해 봅시다. 세 변의 길이가 각각 a, b, c인 직각삼각형 ABC와 합동인 삼각형을 이용해 한 변의 길이가 $a+b$인 정사각형 $CDFH$를 그리면 왼쪽 그림과 같이 한 변의 길이가 c인 정사각형 $AEGB$와 4개의 합동인 직각삼각형으로 나누어집니다. 즉 $\square CDFH = \square AEGB + 4\triangle ABC$

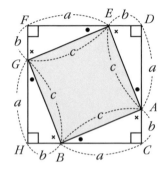

이므로 $(a+b)^2 = c^2 + 4 \times \dfrac{1}{2}ab$이고, 이를 정리하면 $a^2 + b^2 = c^2$입니다.

지금까지 확인한 것과 같이 피타고라스 정리는 항상 직각삼각형일 때 성립하게 되고, 삼각형 세 변의 길이에 대해 피타고라스 정리가 성립하면 직각삼각형이 될 수 있습니다. 즉 가장 긴 변의 길이의 제곱이 나머지 두 변의 길이의 제곱의 합과 같은 삼각형은 직각삼각형입니다. 따라서 주어진 삼각형이 직각삼각형인지 아닌지를 판단할 때 피타고라스 정리가 성립하는지를 이용할 수 있습니다.

특히 $(3, 4, 5)$, $(5, 12, 13)$, $(6, 8, 10)$, $(7, 24, 25)$, $(8, 15, 17)$, $(9, 12, 15)$, …와 같이 $a^2 + b^2 = c^2$을 만족시키는 세 자연수 a, b, c를 피타고라스 수라고 하고, 이를 기억해 두면 편리합니다.

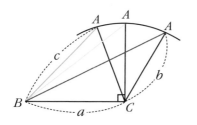

세 변의 길이가 각각 a, b, c이고, c가 가장 긴 변의 길이인 삼각형 ABC에서 $\angle C$가 직각이면 피타고라스 정리에 의해 $c^2=a^2+b^2$입니다. 왼쪽 그림과 같이 a, b의 길이는 동일할 때, $\angle C$가 $90°$보다 작아지면 c의 값이 작아지고 $\angle C$가 $90°$보다 커지면 c의 값도 커지게 됩니다.

① $c^2<a^2+b^2$이면 $\angle C<90°$이고 $\triangle ABC$는 예각삼각형

② $c^2=a^2+b^2$이면 $\angle C=90°$이고 $\triangle ABC$는 직각삼각형

③ $c^2>a^2+b^2$이면 $\angle C>90°$이고 $\triangle ABC$는 둔각삼각형

이처럼 삼각형의 세 변의 길이에 대해 가장 긴 변의 길이의 제곱과 나머지 두 변의 길이 제곱의 합을 비교하면 직각삼각형인지 예각이나 둔각삼각형인지 판단할 수 있습니다.

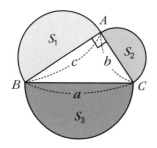
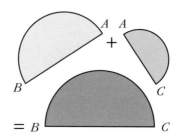

그리스의 수학자인 히포크라테스가 발견한 '히포크라테스의 초승달'은 피타고라스 정리를 활용한 유명한 정리입니다.

위쪽 그림과 같이 $\angle A = 90°$인 직각삼각형 ABC에서 선분 AB, AC, BC를 지름으로 하는 세 반원의 넓이를 각각 S_1, S_2, S_3이라고 하면,

$$S_1 + S_2 = \frac{1}{2}\pi \times (\frac{c}{2})^2 + \frac{1}{2}\pi \times (\frac{b}{2})^2 = \frac{1}{8}\pi(b^2 + c^2) = \frac{1}{8}\pi a^2 = \frac{1}{2}\pi \times (\frac{a}{2})^2 = S_3$$

이므로 $S_1 + S_2 = S_3$입니다.

그러면 아래 그림에서 (색칠한 부분의 넓이) $= \triangle ABC + S_1 + S_2 - S_3$이고, $S_1 + S_2 = S_3$이므로 (색칠한 부분의 넓이) $= \triangle ABC = \frac{1}{2} \times \overline{AB} \times \overline{AC}$입니다.

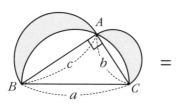

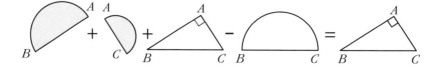

이때 색칠한 부분의 모양을 히포크라테스의 초승달이라고 하고, 색칠한 부분의 넓이를 히포크라테스의 원의 넓이라고 합니다.

우리가 알아야 할 것

- 피타고라스 정리는 직각삼각형에서 직각을 낀 두 변의 길이를 각각 a, b, 빗변의 길이를 c라고 할 때, $a^2+b^2=c^2$이 성립하는 직각삼각형의 성질입니다.
- 세 변의 길이가 각각 a, b, c인 삼각형에서 $a^2+b^2=c^2$이 성립하면, 이 삼각형은 빗변의 길이가 c인 직각삼각형입니다.

삼각비

무슨 의미냐면요

· · ·

삼각형의 크기와 관계없이 서로 닮은 직각삼각형에서 각의 크기가 같으면 각 변 사이의 길이의 비가 일정하게 되고, 이를 삼각비라고 합니다. 삼각형의 닮음비를 이용해 삼각비를 정의할 수 있고, 삼각비를 이용하면 직접 측정하기 어려운 거리나 높이 등을 구할 수 있으므로 천문학이나 건축학 등의 실생활에서 유용하게 사용됩니다.

좀 더 설명하면 이렇습니다

...

1. 삼각비의 뜻

∠B=90° 인 직각삼각형 ABC에서 ∠A의 사인(sin$A$), 코사인(cos$A$), 탄젠트(tan$A$)는 각 변의 길이의 비를 의미하며, 이를 통틀어 ∠A의 삼각비라고 합니다.

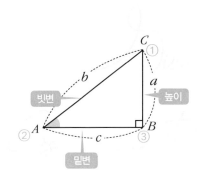

① ∠A의 사인은 빗변의 길이에 대한 높이의 비

$$\Rightarrow \sin A = \frac{높이}{빗변} = \frac{\overline{BC}}{\overline{AC}} = \frac{a}{b}$$

② ∠A의 코사인은 빗변의 길이에 대한 밑변의 길이의 비

$$\Rightarrow \cos A = \frac{밑변}{빗변} = \frac{\overline{AB}}{\overline{AC}} = \frac{c}{b}$$

③ ∠A의 탄젠트는 밑변의 길이에 대한 높이의 비

$$\Rightarrow \tan A = \frac{높이}{밑변} = \frac{\overline{BC}}{\overline{AB}} = \frac{a}{c}$$

sin, cos, tan는 각각 sine, cosine, tangent의 약자이고 ∠A의 크기를 A로 간단히 나타냅니다. 위 그림에서 sin$A$에서 s, cos$A$에서 c, tan$A$에서 t의 알파벳 필기체 모양으로 어느 두 변의 길이의 비인지 기억할 수 있습니다.

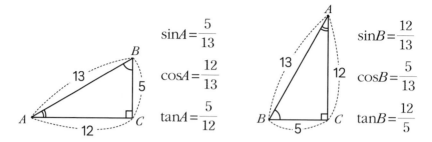

이처럼 직각삼각형에서 기준 각에 따라 밑변과 높이가 달라지므로 주의해야 합니다. 그리고 $\angle B$의 삼각비를 구할 때 기준 각인 $\angle B$를 왼쪽 아래에 위치하도록 직각삼각형을 다시 그린 후에 구하면 편리합니다.

아래 그림과 같이 $\angle A$를 공통으로 하는 직각삼각형 ABC, AB_1C_1, AB_2C_2, …는 모두 서로 닮은 도형(AA닮음)이므로 대응변의 길이의 비는 각각 같습니다.

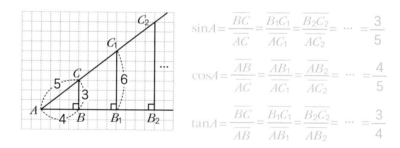

이처럼 한 예각의 크기가 같은 직각삼각형은 서로 닮은 도형이 되고 닮은 도형에서 각 대응변의 길이의 비는 항상 일정합니다. 따라서 한 예각의 크기가 정해지면 직각삼각형의 크기와 관계없이 삼각비가 정해질 수

있습니다.

또한 두 변의 길이만 주어진 직각삼각형에서도 피타고라스 정리를 이용해 나머지 한 변의 길이를 구하면 주어진 삼각형의 삼각비의 값을 알 수 있습니다.

2. 특수한 각 30°, 45°, 60°의 삼각비

특히 직각삼각형에서 한 예각이 $30°, 45°, 60°$일 경우는 정삼각형이나 정사각형, 직각이등변삼각형에서 쉽게 찾을 수 있는 각으로 자주 이용되므로 특수각이라고 합니다. 특수각의 삼각비는 모두 암기하고 문제를 해결하도록 합니다.

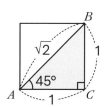

정사각형의 한 대각선을 그어 찾을 수 있는 직각이등변삼각형의 세 내각의 크기는 $45°, 45°, 90°$ 입니다. 직각에 이웃한 양변의 길이를 1이라고 하면 피타고라스 정리에 의해 빗변의 길이는 $\sqrt{2}$입니다. 즉 변의 길이의 비는 $1:1:\sqrt{2}$입니다. 따라서 $45°$의 삼각비의 값은 $\sin 45° = \dfrac{1}{\sqrt{2}} = \dfrac{\sqrt{2}}{2}$, $\cos 45° = \dfrac{1}{\sqrt{2}} = \dfrac{\sqrt{2}}{2}$, $\tan 45° = \dfrac{1}{1} = 1$입니다.

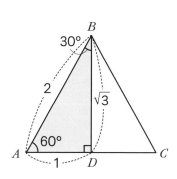

정삼각형의 한 꼭짓점에서 밑변에 내린 수선으로 생기는 직각삼각형의 세 내각의 크기는 $30°, 60°, 90°$입니다. 처음 정삼각형의 한 변의 길이를 2라고 하면 직각삼각형 빗변의 길이는 2이고, 밑변은

1입니다. 피타고라스 정리에 의해 높이는 $\sqrt{3}$ 이므로 변의 길이의 비는 $1:\sqrt{3}:2$입니다. 따라서 $60°$의 삼각비의 값은 $\sin 60° = \dfrac{\sqrt{3}}{2}$, $\cos 60° = \dfrac{1}{2}$, $\tan 60° = \dfrac{\sqrt{3}}{1} = \sqrt{3}$ 입니다. 또한 $30°$의 삼각비의 값은 $\sin 30° = \dfrac{1}{2}$, $\cos 30° = \dfrac{\sqrt{3}}{2}$, $\tan 30° = \dfrac{1}{\sqrt{3}} = \dfrac{\sqrt{3}}{3}$ 입니다. 이를 정리하면 다음과 같습니다.

삼각비 　　 A	30°	45°	60°	삼각비의 값
sinA	$\dfrac{1}{2}$	$\dfrac{\sqrt{2}}{2}$	$\dfrac{\sqrt{3}}{2}$	sin값은 증가
cosA	$\dfrac{\sqrt{3}}{2}$	$\dfrac{\sqrt{2}}{2}$	$\dfrac{1}{2}$	cos값은 감소
tanA	$\dfrac{\sqrt{3}}{2} = \dfrac{1}{\sqrt{3}}$	1	$\sqrt{3}$	tan값은 증가

　　사인과 코사인의 값은 $30°$, $60°$, $90°$에서 분모가 2로 일정하고 사인의 분자는 $\sqrt{1}$, $\sqrt{2}$, $\sqrt{3}$ 으로 증가, 코사인은 $\sqrt{3}$, $\sqrt{2}$, $\sqrt{1}$로 감소합니다. 탄젠트는 $\sqrt{3}$ 이 분모에서 분자로 옮겨가는 것처럼 $\dfrac{1}{\sqrt{3}}$, 1, $\sqrt{3}$ 순으로 변하며 그 값은 증가합니다. $\sin 30°$와 $\cos 60°$는 $\dfrac{1}{2}$, $\sin 45°$와 $\cos 45°$는 $\dfrac{\sqrt{2}}{2}$, $\sin 60°$와 $\cos 30°$는 $\dfrac{\sqrt{3}}{2}$ 입니다. 특수각의 삼각비의 값은 각각 증가하거나 감소하는 흐름에 따라 이해하며 반드시 암기하도록 합니다.

3. 0°~90°의 삼각비의 값

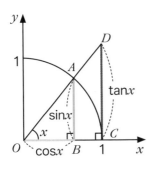

왼쪽 그림과 같이 점 O를 중심으로 하고 반지름의 길이가 1인 사분원 위의 한 점 A에 대해 $\angle AOB = x$이면 직각삼각형 OAB에서 $\overline{OA}=1$이므로 $\sin x = \dfrac{\overline{AB}}{\overline{OA}} = \dfrac{\overline{AB}}{1} = \overline{AB}$, $\cos x = \dfrac{\overline{OB}}{\overline{OA}} = \dfrac{\overline{OB}}{1} = \overline{OB}$입니다.

사분원과 x축의 교점 C에서 $\overline{OA}$의 연장선과 만나는 점을 D라고 하면 직각삼각형 COD에서 $\overline{OC}=1$이므로 $\tan x = \dfrac{\overline{CD}}{\overline{OC}} = \dfrac{\overline{CD}}{1} = \overline{CD}$입니다.

예를 들어 왼쪽 그림과 같이 반지름의 길이가 1인 사분원에서 $36°$의 삼각비의 값을 구하면 $\sin 36° = 0.5878$, $\cos 36° = 0.8090$, $\tan 36° = 0.7265$입니다. 이처럼 반지름의 길이가 1인 사분원을 이용하면 일반 각의 삼각비의 값을 모두 구할 수 있지만 $0°$에서 $90°$ 외에서의 삼각비의 값은 고등 과정에서 다루게 됩니다.

이때 직각삼각형 OAB에서 $\angle AOB$의 크기가 $0°$에 가까워지면 $\overline{AB}$와 $\overline{CD}$의 길이는 각각 0에 가까워지고, $\overline{OB}$의 길이는 1에 가까워집니다. 또한

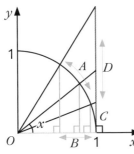

$\angle AOB$의 크기가 $90°$에 가까워지면 $\overline{AB}$의 길이는 1에, $\overline{OB}$의 길이는 0에 가까워지고, $\overline{CD}$의 길이는 한없이 커지게 되어 값을 정할 수 없습니다. 따라서 $0°$와 $90°$의 삼각비의 값은 다음과 같습니다.

$\sin 0°=0$, $\cos 0°=1$, $\tan 0°=0$

$\sin 90°=1$, $\cos 90°=0$, $\tan 90°$의 값은 정할 수 없습니다.

정리하면, $0° \le x \le 90°$에서 x의 값이 커질수록

$\overline{AB}$의 길이가 길어지므로 $\sin x$는 0에서 1까지 증가하고 $0 \le \sin x \le 1$,

$\overline{OB}$의 길이는 짧아지므로 $\cos x$는 1에서 0까지 감소하며 $0 \le \cos x \le 1$,

$\overline{CD}$의 길이는 한없이 길어지므로 $\tan x$는 0에서 한없이 증가해 $\tan x \ge 0$이고, $\tan 90°$는 값을 정할 수 없습니다.

또한 삼각비의 대소 관계는 $0° \le x < 45°$에서 $\sin x < \cos x$이고, $x=45°$일 때 $\sin x = \cos x < \tan x$, $45° < x < 90°$에서 $\cos x < \sin x < \tan x$입니다.

$0°$에서 $90°$까지 삼각비의 값을 구할 때 반지름의 길이가 1인 사분원을 이용하면 모두 구할 수 있으나 삼각비의 표나 계산기를 이용하면 더욱

▸ 삼각비의 표

각도	사인(sin)	코사인(cos)	탄젠트(tan)
⋮	⋮	⋮	⋮
35°	0.5736	0.8192	0.7002
36°	0.5878	0.8090	0.7265
37°	0.6018	0.7986	0.7536
⋮	⋮	⋮	⋮

편리합니다.

삼각비의 표는 0°에서 90°까지의 각을 1° 간격으로 나누어 삼각비의 값을 반올림해 소수점 아래 넷째 자리까지 나타낸 표입니다. 삼각비의 표에 있는 삼각비의 값은 대부분 반올림한 값이지만 편의상 등호(=)를 사용합니다.

삼각비의 표는 삼각비의 세로줄과 각도의 가로줄이 만나는 곳의 수를 읽습니다. 예를 들어 삼각비의 표에서 사인(sin)의 세로줄과 36°의 가로줄이 만나는 곳에 있는 수를 읽으면 sin36°=0.5878입니다. 같은 방법으로 cos35°=0.8192, tan37°=0.7536임을 알 수 있습니다.

4. 삼각비의 활용

(1) 직각삼각형의 변의 길이

직각삼각형에서 한 변의 길이와 한 예각의 크기를 알면 삼각비를 이용해 나머지 두 변의 길이를 구하거나 삼각형의 넓이를 구할 수 있습니다.

아래 그림과 같이 $\angle C = 90°$인 직각삼각형 ABC에서 다음과 같습니다.

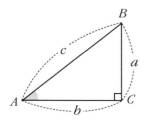

① $\angle A$의 크기와 빗변의 길이 c를 알 때

$\cos A = \dfrac{\overline{AC}}{\overline{AB}} = \dfrac{\overline{AC}}{c}$ 이므로 $\overline{AC} = c\cos A$,

$\sin A = \dfrac{\overline{BC}}{\overline{AB}} = \dfrac{\overline{BC}}{c}$ 이므로 $\overline{BC} = c\sin A$

② ∠A의 크기와 밑변의 길이 b를 알 때

$$\cos A = \frac{\overline{AC}}{\overline{AB}} = \frac{b}{\overline{AB}} \text{이므로} \ \overline{AB} = \frac{b}{\cos A},$$

$$\tan A = \frac{\overline{BC}}{\overline{AC}} = \frac{\overline{BC}}{b} \text{이므로} \ \overline{BC} = b \tan A$$

③ ∠A의 크기와 높이 a를 알 때

$$\sin A = \frac{\overline{BC}}{\overline{AB}} = \frac{a}{\overline{AB}} \text{이므로} \ \overline{AB} = \frac{a}{\sin A},$$

$$\tan A = \frac{\overline{BC}}{\overline{AC}} = \frac{a}{\overline{AC}} \text{이므로} \ \overline{AC} = \frac{a}{\tan A}$$

직각삼각형에서 한 변의 길이와 한 예각의 크기를 알고, 삼각비의 값을 이용해 다른 변의 길이를 구할 때 사인, 코사인, 탄젠트 중 어떤 삼각비를 이용해야 하는지 알아야 합니다. 따라서 위의 식을 공식화해 암기하기보다는 그 식을 유도하는 원리를 정확히 이해하는 것이 중요합니다.

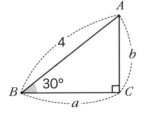

예 왼쪽 그림과 같은 직각삼각형 ABC에서

① $a = \overline{AB} \cos B = 4 \cos 30° = 4 \times \frac{\sqrt{3}}{2} = 2\sqrt{3}$

② $b = \overline{AB} \sin B = 4 \sin 30° = 4 \times \frac{1}{2} = 2$

(2) 일반 삼각형의 변의 길이

직각삼각형이 아닌 일반 삼각형에서도 삼각비를 이용해 변의 길이를 구할 수 있습니다. △ABC에서 한 변의 길이 a와 그 양 끝 각 ∠B, ∠C의

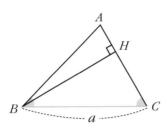

크기를 알 때, 삼각형의 나머지 두 변 AB 와 AC의 길이를 다음과 같이 구할 수 있습니다.

삼각형의 한 꼭짓점 B에서 대변에 내린 수선의 발을 H라고 하면, 직각삼각형 BCH에서 $\sin C = \dfrac{\overline{BH}}{a}$이므로 $\overline{BH} = a\sin C$이고, 직각삼각형 BAH에서 $\sin A = \dfrac{\overline{BH}}{\overline{AB}}$이므로 $\overline{AB} = \dfrac{\overline{BH}}{\sin A} = \dfrac{a\sin C}{\sin A}$입니다.

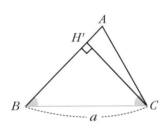

같은 방식으로 꼭짓점 C에서 대변에 내린 수선의 발을 H'라고 하면, 직각삼각형 BCH'에서 $\sin B = \dfrac{\overline{CH'}}{a}$이므로 $\overline{CH'} = a\sin B$이고, 직각삼각형 ACH'에서 $\sin A = \dfrac{\overline{CH'}}{\overline{AC}}$이므로 $\overline{AC} = \dfrac{\overline{CH'}}{\sin A} = \dfrac{a\sin B}{\sin A}$입니다.

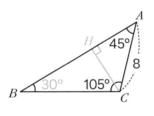

예 왼쪽 그림과 같은 $\triangle ABC$에서 $\overline{AC} = 8$, $\angle A = 45°$, $\angle C = 105°$일 때, $\overline{BC}$의 길이를 구하시오.

$\overline{CH} = 8\sin 45° = 8 \times \dfrac{\sqrt{2}}{2} = 4\sqrt{2}$

$\triangle BCH$에서 $\overline{BC} = \dfrac{4\sqrt{2}}{\sin 30°} = 4\sqrt{2} \times 2 = 8\sqrt{2}$

이처럼 일반 삼각형의 변의 길이를 구할 때는 한 꼭짓점에서 그 대변에 그은 수선으로 직각삼각형을 만들어 $30°, 45°, 60°$와 같은 특수한 각의 삼각비를 이용해 구할 수 있습니다. 직접 측정하기 어려운 거리나 길이,

높이 등을 삼각비를 이용해 쉽게 구할 수 있으므로 실생활에서도 많이 사용됩니다.

또한 $\triangle ABC$에서 두 변의 길이 a, c와 그 끼인각 $\angle B$의 크기를 알 때, 삼각형의 다른 한 변 AC의 길이는 다음과 같이 구할 수 있습니다.

삼각형의 한 꼭짓점 A에서 변 BC에 내린 수선의 발을 H라고 하면, 직각삼각형 ABH에 대해 $\sin B = \dfrac{\overline{AH}}{c}$와 $\cos B = \dfrac{\overline{BH}}{c}$이므로 $\overline{AH} = c\sin B$, $\overline{BH} = c\cos B$입니다. 직각삼각형 ACH에서 피타고라스 정리에 의해 $\overline{AC}^2 = \overline{AH}^2 + \overline{CH}^2$이고 $\overline{CH} = \overline{BC} - \overline{BH} = a - c\cos B$이므로 $\overline{AC} = \sqrt{\overline{AH}^2 + \overline{CH}^2}$ $= \sqrt{(c\sin B)^2 + (a - c\cos B)^2}$입니다.

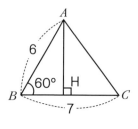

예 왼쪽 그림과 같은 삼각형 ABC에서 $\angle B = 60°$, $\overline{AB} = 6$, $\overline{BC} = 7$이다. 꼭짓점 A에서 $\overline{BC}$에 내린 수선의 발을 H라 할 때, $\triangle ABH$에서

$\overline{AH} = 6\sin60° = 6 \times \dfrac{\sqrt{3}}{2} = 3\sqrt{3}$

$\overline{BH} = 6\cos60° = 6 \times \dfrac{1}{2} = 3$

따라서 $\overline{CH} = 7 - 3 = 4$이므로

$\overline{AC} = \sqrt{\overline{AH}^2 + \overline{CH}^2} = \sqrt{(3\sqrt{3})^2 + 4^2} = \sqrt{43}$

(3) 삼각형의 넓이

$\triangle ABC$에서 두 변의 길이 a, c와 그 끼인각 $\angle B$의 크기를 알 때, 삼각형의 높이를 구할 수 있습니다. 이를 이용해 삼각형의 넓이 구하는 방법을

알아봅시다.

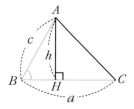

∠B가 예각인 경우, 한 꼭짓점 A에서 대변에 내린 수선의 발을 H라고 하고 선분 AH를 삼각형의 높이 h라고 합시다. 직각삼각형 ABH에서 $\sin B = \dfrac{h}{c}$

이므로 삼각형의 높이 $h = c\sin B$입니다.

따라서 삼각형의 넓이 $S = \dfrac{1}{2}ah = \dfrac{1}{2}ac\sin B$입니다.

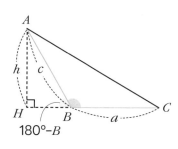

∠B가 둔각인 경우, 한 꼭짓점 A에서 밑변 BC의 연장선에 내린 수선의 발을 H라고 하고, 선분 AH를 삼각형의 높이 h라고 합시다. ∠$ABH = 180° - B$이고 직각삼각형 ABH에서 $\sin(180° - B)$

$= \dfrac{h}{c}$이므로 삼각형의 높이 $h = c\sin(180° - B)$입니다. 따라서 삼각형의 넓이 $S = \dfrac{1}{2}ah = \dfrac{1}{2}ac\sin(180° - B)$입니다.

(4) 사각형의 넓이

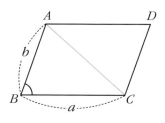

왼쪽 그림과 같이 이웃하는 두 변의 길이가 a, b이고 한 각이 주어진 평행사변형 $ABCD$의 넓이는 대각선 AC를 그어 합동인 두 삼각형의 넓이를 이용해 구할 수 있습니다.

두 변의 길이가 a, b이고 그 끼인각 B가 예각이면

$\triangle ABC = \dfrac{1}{2}ab\sin B$이고, $\square ABCD = 2 \times \triangle ABC$입니다.

따라서 $\square ABCD = ab\sin B$입니다.

두 변의 길이가 a, b이고 그 끼인각 B가 둔각이면

$\triangle ABC = \dfrac{1}{2}ab\sin(180°-B)$이므로 $\square ABCD = ab\sin(180°-B)$입니다.

또한 두 대각선의 길이가 a, b이고 그 끼인 각의 크기 x가 주어진 사각형 $ABCD$의 넓이도 두 대각선의 평행선을 각 꼭짓점을 지나도록 그어 넓이가 2배인 사각형을 만들어 구할 수 있습니다.

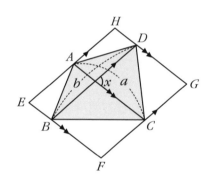

왼쪽 그림과 같이 $\square ABCD$에서 대각선 AC와 평행하며 꼭짓점 B, D를 각각 지나는 선을 긋고, 대각선 BD와 평행하며 꼭짓점 A, C를 지나는 선을 그어 그 교점을 각각 E, F, G, H라고 합시다. 그러면

$\square EFGH = 2 \times \square ABCD$이므로 $\square ABCD = \dfrac{1}{2} \times \square EFGH = \dfrac{1}{2}ac\sin x.$

- 직각삼각형의 한 예각에 대하여 세 변의 길이의 비는 항상 일정합니다.

- 한 예각 A에 대해 $\sin A$는 빗변의 길이에 대한 높이의 비, $\cos A$는 빗변의 길이에 대한 밑변의 길이의 비, $\tan A$는 밑변의 길이에 대한 높이의 비이고, 이를 삼각비라고합니다.

- 다음은 특수한 각 0°, 30°, 45°, 60°, 90°에 대한 삼각비의 값입니다.

  $\sin 0° = 0$, $\sin 30° = \dfrac{1}{2}$, $\sin 45° = \dfrac{\sqrt{2}}{2}$, $\sin 60° = \dfrac{\sqrt{3}}{2}$, $\sin 90° = 1$

  $\cos 0° = 1$, $\cos 30° = \dfrac{\sqrt{3}}{2}$, $\cos 45° = \dfrac{\sqrt{2}}{2}$, $\cos 60° = \dfrac{1}{2}$, $\cos 90° = 0$

  $\tan 0° = 0$, $\tan 30° = \dfrac{\sqrt{3}}{3}$, $\tan 45° = 1$, $\tan 60° = \sqrt{3}$, $\tan 90° =$ (값을 정할 수 없음)

- 삼각비를 이용해, 삼각형의 변의 길이와 높이, 넓이를 구할 수 있습니다.

원의 성질

무슨 의미냐면요

. . .

원은 평면 위의 한 점으로부터 일정한 거리에 있는 모든 점으로 이루어진 도형입니다. 원의 대표적인 특징으로는 같은 길이의 둘레로 만든 도형 중에 그 넓이가 가장 넓고, 어느 방향에도 보아도 폭이 일정합니다. 이 외에도 원은 다양한 성질을 가지고 있으며, 유용한 성질로 우리 주변의 실생활에서도 다양하게 활용되고 있습니다.

좀 더 설명하면 이렇습니다

· · ·

1. 원과 직선

(1) 원의 중심과 현의 수직이등분선

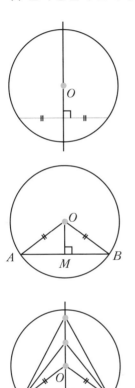

현은 원 위의 두 점을 이은 선분으로, 원의 중심에서 현에 내린 수선은 그 현을 이등분합니다. 또한 현의 수직이등분선은 그 원의 중심을 지납니다.

원의 중심 O에서 현 AB에 내린 수선의 발을 M이라고 하면, 반지름으로 $\overline{OA}=\overline{OB}$, $\overline{OM}$은 공통, $\angle OMA = \angle OMB$는 직각이므로 $\triangle OAM \equiv \triangle OBM$(RHS합동)입니다. 따라서 $\overline{AM}=\overline{BM}$이고, 원의 중심에서 현에 내린 수선은 그 현을 이등분합니다. 즉 $\overline{AB} \perp \overline{OM}$이면 $\overline{AM}=\overline{BM}$입니다.

또한 현 AB의 양 끝점 A, B로부터 같은 거리에 있는 점 M은 $\overline{AB}$의 수직이등분선 위에 있고, 원의 중심 O도 점 A, B로부터 같은 거리에 있습니다. 따라서 현 AB의 수직이등분선은 원의 중심을 지나게 됩니다.

(2) 원의 중심과 현의 길이

한 원에서 중심으로부터 같은 거리에 있는 두 현의 길이는 같고, 길이가 같은 두 현은 원의 중심으로부터 같은 거리에 있습니다(그림1).

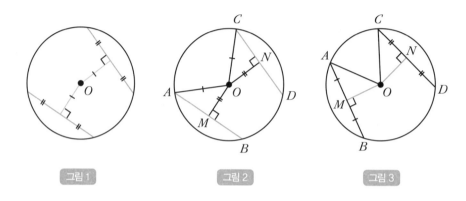

그림 1   그림 2   그림 3

원 O의 중심에서 같은 거리에 있는 현 AB, CD에 내린 수선의 발을 각각 M, N이라고 합시다(그림2). 그러면 $\overline{OM}=\overline{ON}$이고, 반지름으로 $\overline{OA}=\overline{OC}$, $\angle OMA=\angle ONC$는 직각이므로 $\triangle OAM\equiv\triangle OCN$(RHS합동)입니다. 따라서 $\overline{AM}=\overline{CN}$입니다. $2\overline{AM}=\overline{AB}$이고 $2\overline{CN}=\overline{CD}$이므로 $\overline{AB}=\overline{CD}$, 즉 한 원에서 원의 중심으로부터 같은 거리에 있는 두 현의 길이는 서로 같습니다.

반대로 두 현 AB와 CD의 길이가 같고, 원 O의 중심에서 두 현에 내린 수선의 발을 각각 M, N이라고 합시다(그림3). 원의 중심에서 현에 내린 수선은 그 현을 이등분하므로 $\overline{AM}=\overline{BM}$, $\overline{CN}=\overline{DN}$이고, $\overline{AB}=\overline{CD}$이므로 $\overline{AM}=\overline{CN}$입니다. 반지름으로 $\overline{OA}=\overline{OC}$, $\angle OMA=\angle ONC$는 직각이므로 $\triangle OAM\equiv\triangle OCN$(RHS합동)입니다. 따라서 $\overline{OM}=\overline{ON}$. 즉 한 원에서 길이가 같

은 두 현은 원의 중심으로부터 같은 거리에 있습니다.

　이 성질을 이용해, 원에 내접하는 삼각형에서 두 변이 원의 중심으로부터 같은 거리에 있으면 이등변삼각형이 되고, 세 변이 모두 원의 중심으로부터 같은 거리에 있으면 정삼각형이 됨을 알 수 있습니다.

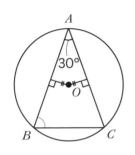

예를 들어 왼쪽 그림과 같이 원 O의 중심에서 같은 거리에 있는 두 현 AB, CD에 대해 $\angle BAC=30°$일 때 $\angle ABC$의 크기를 구할 수 있습니다. 앞에서 확인한 원의 중심과 현의 길이의 성질에 의해 $\overline{AB}=\overline{CD}$이므로 $\triangle ABC$는 이등변삼각형이고 $\angle ABC=\angle ACB$입니다. 따라서 삼각형의 세 내각의 합은 $\angle BAC+\angle ABC+\angle ACB=30°+2\angle ABC=180°$이므로 $\angle ABC=75°$입니다.

(3) 원과 접선

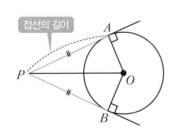

접선의 길이

원 밖의 한 점에서 그 원에 그을 수 있는 접선은 2개입니다. 이때 원 밖의 한 점에서 접점까지의 길이를 접선의 길이라고 하고, 두 접선의 길이는 서로 같습니다.

　원 O 밖의 한 점 P에서 원 O에 접선 2개를 그어 두 접점을 각각 A, B라 합시다. 이때 두 선분 PA, PB의 길이를 점 P에서 원 O에 그은 접선의 길이라고 합니다. 원의 접선은 그 접점을 지나는 반지름과 서로 수직이므로 $\angle PAO=\angle PBO$는 직각이고, 반지름으로 $\overline{OA}=\overline{OB}$, $\overline{OP}$는 공통인 변이므로 $\triangle POA\equiv\triangle POB$(RHS합동)입니다. 따라서 $\overline{PA}=\overline{PB}$. 즉 점 P의 위치와 관계없이 원 O에 그은 두 접선의 길이는 항상 서로 같습니다.

삼각형(또는 사각형)의 모든 변이 원에 접할 때, 원은 삼각형(또는 사각형)에 접한다고 하고, 원을 삼각형(또는 사각형)의 내접원이라고 합니다. 이때 위의 성질을 이용해 원에 외접하는 삼각형(또는 사각형)의 선분의 길이를 구할 수 있습니다.

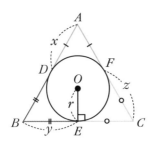

원 O가 $\triangle ABC$의 내접원이고 점 D, E, F가 그 접점일 때, 원과 접선의 성질을 이용해 $\overline{AD}=\overline{AF}=x$, $\overline{BD}=\overline{BE}=y$, $\overline{CE}=\overline{CF}=z$라고 합시다. 그러면 ($\triangle ABC$ 둘레의 길이)$=\overline{AB}+\overline{BC}+\overline{CA}=2(x+y+z)$으로 구할 수 있습니다.

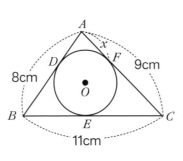

예를 들어 왼쪽 그림에서 $\triangle ABC$가 원 O에 외접할 때, $\overline{AF}$의 값을 구해 봅시다. 원과 접선의 성질에 의해 $\overline{AD}=\overline{AF}=x$(cm)라고 하면, $\overline{BD}=\overline{BE}=8-x$(cm), $\overline{CE}=\overline{CF}=9-x$(cm)이므로 $\overline{BC}=(8-x)+(9-x)=11$, 따라서 $x=3$입니다.

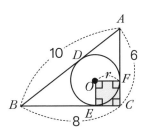

특히 $\angle C = 90°$인 직각삼각형 ABC의 내접원 O와 세 변의 접점을 D, E, F라고 하고, 원의 반지름의 길이를 r(cm)이라고 할 때, $\square OECF$는 한 변의 길이가 r(cm)인 정사각형임을 이용해 r을 구할 수 있습니다. $\overline{CE} = \overline{CF} = r$(cm), $\overline{AD} = \overline{AF} = 6 - r$(cm), $\overline{BD} = \overline{BE} = 8 - r$(cm)이므로 $\overline{AB} = (6-r) + (8-r) = 10$입니다. 따라서 $r = 2$입니다.

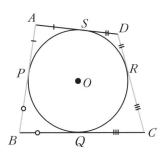

또한 원에 외접하는 사각형에서 두 쌍의 대변의 길이의 합은 서로 같고, 두 쌍의 대변의 길이의 합이 같은 사각형은 원에 외접합니다. 원 O가 $\square ABCD$의 내접원이고 점 P, Q, R, S가 그 접점일 때, $\overline{AP} = \overline{AS}$, $\overline{BP} = \overline{BQ}$, $\overline{CQ} = \overline{CR}$, $\overline{DR} = \overline{DS}$이므로 $\overline{AB} + \overline{CD} = (\overline{AP} + \overline{BP}) + (\overline{CR} + \overline{DR}) = (\overline{AS} + \overline{BQ}) + (\overline{CQ} + \overline{DS}) = (\overline{AS} + \overline{DS}) + (\overline{BQ} + \overline{CQ}) = \overline{AD} + \overline{BC}$. 따라서 $\overline{AB} + \overline{CD} = \overline{AD} + \overline{BC}$. 즉 사각형의 두 쌍의 대변의 길이의 합은 서로 같습니다.

2. 원주각

(1) 원주각과 중심각의 크기

원 O에서 호 AB 위에 있지 않은 원 위의 한 점 P에 대해 $\angle APB$를 호 AB에 대한 원주각이라고 하고, 호 AB를 원주각 $\angle APB$에 대한 호라고 합니다.

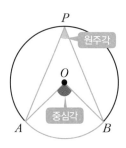

이때 두 반지름 OA, OB가 이루는 각인 $\angle AOB$는 호 AB에 대한 중심각이라고 하고, 호 AB에 대한 중심각은 하나로 정해집니다. 하지만 호 AB에 대한 원주각은 점 P의 위치에 따라 무수히 많습니다.

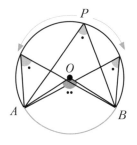

원에서 한 호에 대한 원주각들은 그 호에 대한 중심각의 크기의 $\frac{1}{2}$로 크기가 서로 같습니다. 즉 $\angle APB = \frac{1}{2} \angle AOB$. 이를 확인하기 위해 호의 중심각에 대해 원주각이 놓이는 위치에 따라 3가지로 나누어 살펴볼 수 있습니다.

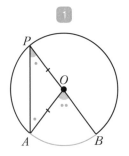
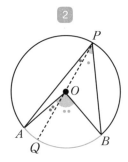
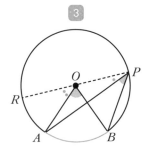

1️⃣ 원의 중심 O가 호 AB에 대한 원주각 $\angle APB$의 한 변에 위에 있을 때 반지름으로 $\overline{OP} = \overline{OA}$이고 $\triangle OPA$는 이등변삼각형이므로 $\angle APO = \angle PAO$입니다. 삼각형의 한 외각은 다른 두 내각의 합과 같으므로 $\triangle OPA$의 한 외각 $\angle AOB = \angle APO + \angle PAO = 2 \angle APB$, 즉 $\angle APB = \frac{1}{2} \angle AOB$입니다.

② 원의 중심 O가 호 AB에 대한 원주각 $\angle APB$의 내부에 있을 때

지름 PQ를 그으면, 반지름으로 $\overline{OP}=\overline{OA}=\overline{OB}$이고, $\triangle OPA$와 $\triangle OPB$는 이등변삼각형이므로 $\angle APO=\angle PAO$, $\angle BPO=\angle PBO$입니다. 또한 $\triangle OPA$와 $\triangle OPB$에서 한 외각은 다른 두 내각의 합과 같으므로 $\angle AOQ=2\angle APO$, $\angle BOQ=2\angle BPO$. 따라서 $\angle AOB=\angle AOQ+\angle BOQ=2\angle APO+2\angle BPO=2\angle APB$. 즉 $\angle APB=\dfrac{1}{2}\angle AOB$입니다.

③ 원의 중심 O가 호 AB에 대한 원주각 $\angle APB$의 외부에 있을 때

지름 PR을 그으면, 반지름으로 $\overline{OP}=\overline{OA}=\overline{OB}$이고, $\triangle OPA$와 $\triangle OPB$는 이등변삼각형이므로 $\angle APO=\angle PAO$, $\angle BPO=\angle PBO$입니다. 또한 $\triangle OPA$와 $\triangle OPB$에서 한 외각은 다른 두 내각의 합과 같으므로 $\angle ROB=2\angle RPB$, $\angle ROA=2\angle RPA$. 따라서 $\angle AOB=\angle ROB-\angle ROA=2\angle RPB-2\angle RPA=2\angle APB$. 즉 $\angle APB=\dfrac{1}{2}\angle AOB$입니다.

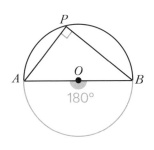

특히 호 AB가 반원일 때, 호 AB에 대한 중심각의 크기는 $180°$이므로 반원에 대한 원주각의 크기는 항상 $90°$입니다. 즉 선분 AB가 원의 지름이면 $\angle APB=90°$이고, $\triangle APB$는 직각삼각형입니다.

(2) 원주각의 크기와 호의 길이

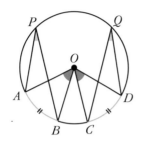

한 원 또는 합동인 두 원에서 길이가 같은 호 AB와 호 CD에 대해 중심각의 크기가 같고 ($\angle AOB = \angle COD$), 원주각은 중심각의 $\frac{1}{2}$이므로 그 원주각의 크기는 서로 같습니다($\angle APB = \angle CQD$). 그 반대로 두 원주각의 크기가 서로 같으면 중심각의 크기가 서로 같고, 두 호의 길이도 같습니다. 즉 $\overset{\frown}{AB} = \overset{\frown}{CD}$ 이면 $\angle APB = \angle CQD$이고, $\angle APB = \angle CQD$이면 $\overset{\frown}{AB} = \overset{\frown}{CD}$입니다.

또한 한 원 또는 합동인 두 원에서 호의 길이는 그 호에 대한 중심각의 크기에 정비례하므로 그 호에 대한 원주각의 크기에도 정비례합니다. 즉 $\angle APB : \angle CQD = \overset{\frown}{AB} : \overset{\frown}{CD}$입니다.

3. 원주각의 활용

(1) 원의 접선과 현이 이루는 각

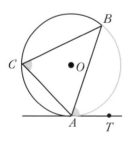

원 위의 점 B에 대해 원의 접선과 그 접점 A를 지나는 현 AB가 이루는 각의 크기($\angle BAT$)는 그 각의 내부에 있는 호 AB에 대한 원주각의 크기($\angle BCA$)와 항상 같습니다. 이때 점 B를 원 위에서 어떻게 이동해도 위 성질($\angle BAT = \angle BCA$)은 항상 성립합니다. 이를 확인하기 위해 다음 페이지 그림과 같이 $\angle BAT$가 직각, 예각, 둔각인 3가지로 나누어 살펴봅시다.

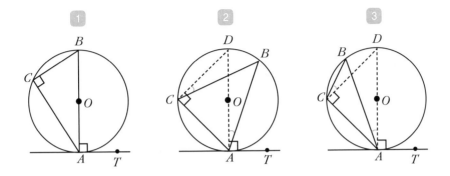

1 $\angle BAT$가 직각일 때, 현 AB는 원의 지름이고 반원에 대한 원주각의 크기 $\angle BCA = 90°$이므로 $\angle BAT = \angle BCA = 90°$입니다.

2 $\angle BAT$가 예각일 때, 지름 AD와 현 CD를 그으면 1에 의해 $\angle DAT = \angle DCA = 90°$이고, 호 DB에 대한 원주각으로 $\angle DAB = \angle DCB$입니다. 따라서 $\angle BAT = 90° - \angle DAB = 90° - \angle DCB = \angle BCA$입니다.

3 $\angle BAT$가 둔각일 때, 지름 AD와 현 CD를 그으면 1에 의해 $\angle DAT = \angle DCA = 90°$이고, 호 BD에 대한 원주각으로 $\angle BAD = \angle BCD$입니다. 따라서 $\angle BAT = 90° + \angle BAD = 90° + \angle BCD = \angle BCA$입니다.

(2) 원에 내접하는 사각형

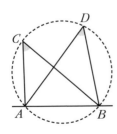

두 점 C, D가 직선 AB에 대해 같은 쪽에 있을 때, $\angle ACB = \angle ADB$이면 한 원에서 호 AB에 대한 원주각이 될 수 있습니다. 즉 $\angle ACB = \angle ADB$이면 네 점 A, B, C, D는 한 원 위에 있게 되고, □$ABDC$는 원에 내접하는 사각형이 됩니다. 이때 원에 내접하는 사각형에서 마주 보는 두 내각의 크기의 합은 항상 180°입니다.

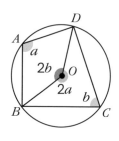

왼쪽 그림과 같이 □ABCD가 원 O에 내접할 때, 호 BCD, 호 BAD에 대한 중심각의 크기를 각각 2a, 2b라고 하면 $2a+2b=360°$입니다. 따라서 호 BCD, 호 BAD에 대한 원주각의 크기의 합 $\angle A + \angle C = a + b = 180°$입니다. 이와 마찬가지로 $\angle B + \angle D = 180°$입니다.

또한 원에 내접하는 사각형의 한 꼭짓점에서 외각은 내각의 대각과 크기가 같습니다. 즉 □ABCD에서 $\angle C$의 외각의 크기는 $\angle A$와 같습니다.

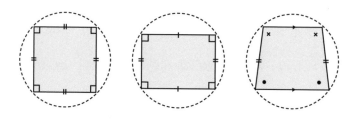

이처럼 사각형이 원에 내접하기 위해서는 한 쌍의 대각의 크기의 합이 180°이어야 하므로 정사각형, 직사각형, 등변사다리꼴은 항상 원에 내접하게 됩니다. 하지만 사다리꼴, 평행사변형, 마름모는 한 쌍의 대각의 합이 180°가 아닌 경우가 있으므로 항상 원에 내접하지는 않습니다.

- 원의 중심에서 현에 내린 수선은 그 현을 이등분하고, 현의 수직이등분선은 그 원의 중심을 지납니다.
- 한 원에서 중심으로부터 같은 거리에 있는 두 현의 길이는 같고, 길이가 같은 두 현은 원의 중심으로부터 같은 거리에 있습니다.
- 한 호에 대한 원주각의 크기는 그 호에 대한 중심각의 크기의 $\dfrac{1}{2}$로 모두 같습니다.
- 한 원 또는 합동인 원에서 같은 길이의 호에 대한 원주각의 크기는 서로 같고, 같은 크기의 원주각에 대한 호의 길이도 서로 같습니다.
- 점 C, D가 직선 AB에 대해 같은 쪽에 있을 때, $\angle ACB = \angle ADB$이면 네 점 A, B, C, D는 한 원 위에 있게 되고, $\square ABDC$는 원에 내접하는 사각형이 됩니다.
- 원에 내접하는 사각형에서 마주 보는 두 내각의 크기의 합은 180°입니다.

PART 5

확률과 통계

가능성을 수치화한
확률과 그래프의 확장

무슨 의미냐면요

. . .

초등 과정에서 상황에 맞는 여러 가지 그래프를 그리는 방법을 학습했다면, 중등 과정의 통계 영역에서는 실생활에서의 합리적인 의사결정을 위해 자료를 수집해 표나 그래프로 정리하고, 자료들을 해석하는 방법을 학습합니다. 그리고 어떤 사건이 일어날 경우의 수와 확률을 학습함으로써 불확실한 상황에서 사건이 일어날 가능성의 정도를 수치로 표현하고 예측할 수 있습니다.

좀 더 설명하면 이렇습니다

...

초등 과정에서 다룬 자료들은 좋아하는 계절이나 색, 음식과 같이 제한적인 자료의 값을 갖는 경우가 많았습니다. 이러한 자료들을 정리해 상황에 맞는 그림, 막대, 꺾은선, 띠, 원 그래프로 나타내고, 여러 가지 그래프를 해석하는 방법을 배웠습니다.

이를 바탕으로 중등 과정에서는 키나 몸무게와 같이 다양한 값을 갖는 자료들을 가지고 줄기와 잎 그림, 도수분포표, 상대도수의 분포표, 히스토그램, 도수분포다각형으로 나타냅니다. 이러한 그래프를 해석해 자료들의 특성이나 경향성, 분포 상태 등을 파악합니다.

또한 초등 과정에서 가능성과 관련된 상황을 '불가능하다', '~아닐 것 같다', '반반이다', '~일 것 같다', '확실하다'로 나누어 나타내고, 이를 각각 0에서 1까지의 수로 표현했습니다. 이러한 어떤 사건이 일어날 가능성을 수치로 표현한 것을 중등 과정에서는 확률이라고 하며, 확률의 개념과 기본 성질을 이해합니다.

1. 통계

(1) 자료의 정리와 해석(중1-2)

학생들의 키나 몸무게 등과 같이 수집한 자료를 상황에 맞게 줄기와 잎 그림, 도수분포표, 히스토그램, 도수분포다각형 등으로 나타내어 정리하면 분포 상태나 특성을 파악하기 편리합니다.

줄기와 잎 그림은 일반적으로 십의 자리 이상의 숫자(줄기)에 따른 일의 자리 숫자(잎)를 나열해 정리합니다. 그래프를 따로 그리지 않아도 자료의 분포 상태를 한눈에 알아볼 수 있고, 자료 하나하나의 값을 확인할 수 있는 장점이 있습니다. 하지만 자료의 개수가 많을 때는 일일이 나열하기 어렵고, 줄기와 잎을 구별하기 어려운 자료에는 적합하지 않습니다.

도수분포표는 자료를 일정한 구간으로 나누어 계급을 정한 다음, 각 구간에 속하는 자료의 수를 정리해 표로 나타낸 것입니다. 계급(구간)의 개수를 원하는 만큼 정할 수 있고, 각 계급의 도수(자료의 수)를 한눈에 알아보기 쉬워 자료가 많거나 분포 범위가 넓을 때 효과적인 방법입니다. 하지만 각 자료의 값을 정확하게 알 수 없고, 계급의 개수를 너무 많거나 적게 하면 자료의 특성을 제대로 파악할 수 없습니다.

히스토그램은 막대그래프와 비슷한 형태로 도수분포표에서 각 계급의 도수를 직사각형의 세로로 표현하고, 그 높낮이로 각 계급의 분포 상태를 파악할 수 있습니다. 초등 과정에서 학습한 막대그래프는 좋아하는 계절이나 혈액형과 같이 제한된 자료의 값을 갖는 경우에 사용되고, 히스토그램은 키와 몸무게, 연령과 같이 자료의 값이 연속적인 경우에 그 범위를 나누어 사용하게 됩니다. 따라서 막대그래프의 가로축에는 자료의 값으로 수나 이름을 나열해 적고, 히스토그램의 가로축에는 계급의 양 끝 값을 적어 계급을 구분합니다.

도수분포다각형은 히스토그램에서 각 직사각형의 윗변 중앙에 점을 찍어 이은 다각형 형태의 그래프로, 히스토그램과 같이 자료의 분포 상태와 변화 폭을 알아보기 편리합니다. 특히 도수분포다각형은 두 그래프를 겹쳐서 그리면 한눈에 비교하기 편리하므로 두 집단의 상대도수의 분포 상태를 나타내기 위해 많이 사용됩니다.

상대도수는 도수의 총합에 대한 각 계급의 도수의 비율입니다. 예를 들어 20명의 A학급과 30명의 B학급의 수학 점수를 조사한 자료에서 90점 이상의 학생 수가 몇 명인지 비교하는 것은 의미가 없을 수 있습니다. B학급의 학생 수가 많기 때문에 전체적으로 각 계급의 학생 수가 A학급보다 많을 수 있기 때문입니다. 따라서 도수의 총합이 서로 다른 두 집단의 분포를 비교할 때는 각 계급의 도수가 전체에서 차지하는 비율인 상대도수로 비교하는 것이 더 바람직합니다.

수집한 자료를 표나 그래프로 정리하고 분석할 때 각각의 장단점이 있으므로, 상황에 따라 적절한 표나 그래프를 사용하면 효과적으로 해석할 수 있습니다.

(2) 대푯값과 산포도, 산점도(중3-2)

대푯값은 자료 전체의 특징을 하나의 수로 나타낸 값으로, 중학 과정에서 다루는 대푯값은 평균, 중앙값, 최빈값입니다.

평균은 자료의 총합을 자료의 개수로 나눈 값으로 일반적으로 가장 많이 사용되는 대푯값입니다. 점수, 키, 몸무게 등과 같이 자료가 대체로 고르고 모든 값을 사용해 정확한 대푯값을 정해야 하는 경우에 사용됩니다.

중앙값은 자료를 크기순으로 나열했을 때 가운데 위치한 값입니다. 자료에 너무 크거나 작은 극단적인 값이 포함되어 있을 때 사용되는 대푯값으로, 극단적인 값이 중앙값에 영향을 끼치지 않으므로 평균보다 자료 전체의 특징을 더 잘 나타낼 수 있습니다.

최빈값은 자료의 값 중에서 가장 많이 나타나는 값입니다. 일반적으로 자료의 수가 많고 자료에 같은 값이 많은 경우, 또는 좋아하는 과일과 같이 수량으로 나타내어지지 않은 자료에서 대푯값으로 사용합니다.

산포도는 대푯값을 중심으로 자료들이 흩어져 있는 정도를 하나의 수로 나타낸 값입니다. 교육과정에서는 평균을 대푯값으로 할 때, 분산과 표준편차를 산포도로 이용합니다.

편차는 어떤 자료의 각 변량에서 평균을 뺀 값으로, 편차의 절댓값은 그 변량이 평균으로부터 얼마나 떨어져 있는지 알려 줍니다. 하지만 모든 편차의 합은 0이므로 편차의 합은 산포도로 이용하기에 적절하지 않습니다.

그래서 편차를 제곱해 합을 구하고 전체 변량의 개수로 나눈 값을 산포도로 이용하는데, 이를 분산이라고 합니다. 즉 분산은 편차의 제곱의 평균이고, 단위를 사용하지 않습니다. 또한 표준편차는 분산의 양의 제곱근 값으로, 변량과 같은 단위를 사용하는 산포도입니다. 일반적으로 분산과 표준편차가 작을수록 자료들이 평균에 가까이 모여 있고, 이를 "자료가 더 고르게 분포되어 있다."라고 표현합니다.

산점도는 두 변량 사이의 관계를 파악하기 위해 좌표평면 위에 점으로 나타낸 그래프이고, 상관관계는 산점도에서 한 변량이 증가할 때 다른 한 변량도 증가하거나 감소하는 경향을 나타내는 관계를 의미합니다. 예를 들어 수학 점수와 과학 점수 사이의 관계를 파악하기 위해서 학생들의 수학과 과학의 시험 점수를 조사합니다. 학생의 수학 점수를 x점, 과학 점수를 y점이라고 하면, 두 점수를 순서쌍으로 하는 점 (x, y)를 좌표평면 위에 나타냅니다. 이때 좌표평면 위의 점의 수는 학생의 수와 같습니다. 이렇게 나타낸 그림을 수학과 과학 점수에 대한 산점도라고 할 수 있습니다.

산점도에서 x의 값이 증가함에 따라 y의 값도 증가하는 경향이 있으면 양의 상관관계가 있다고 하고, x의 값이 증가함에 따라 y의 값이 감소하는 경향이 있으면 음의 상관관계가 있다고 합니다. 이러한 양 또는 음의 상관관계를 통틀어 상관관계라고 하고, 상관관계가 강할수록 산점도에서 점들이 한 직선 주위에 가까이 모여 직선의 형태를 띠게 됩니다.

2. 확률(중2-2)

주사위 또는 동전을 던지는 것과 같이 동일한 조건에서 반복할 수 있는 실험이나 관찰에 의해 나타나는 결과를 사건이라고 합니다. 이때 사건이 일어나는 모든 가짓수를 경우의 수라고 하고, 일어나는 모든 경우의 수에 대한 사건의 경우의 수의 비율을 확률이라고 합니다.

예를 들어 주사위 한 개를 던질 때, 일어나는 모든 경우의 수는 6입니다. 그중 짝수의 눈이 나오는 사건의 경우는 2, 4, 6이 있으므로 이 사건의 경우의 수는 3입니다. 따라서 주사위 한 개를 던질 때 짝수의 눈이 나오는 사건의 확률은 $\frac{3}{6} = \frac{1}{2}$입니다. 또한 7 이상의 눈이 나오는 사건의 경우의 수는 0이므로 확률도 $\frac{0}{6} = 0$이고, 6 이하의 눈이 나오는 사건의 경우의 수는 6이므로 확률은 $\frac{6}{6}=1$입니다.

일반적으로 어떤 사건이 일어날 확률은 0부터 1까지의 값을 가지며, 사건이 절대로 일어나지 않을 확률은 0이고, 항상 일어날 확률은 1입니다.

다양한 상황과 맥락에서 경우의 수를 구하는 과정은 고등 과정의 확률에서 밀접하게 연계되어 학습하게 됩니다. 모든 경우를 분류하고 체계화하면서 수학적 사고를 경험하게 되고, 사회와 경제 등 실생활의 다양한 분야에서 흔히 이용되는 확률과 통계의 용어를 이해하고 활용할 수 있습니다.

● ● ●　　　　　　우리가 알아야 할 것　　　　　　＋

- 상대도수는 도수의 총합에 대한 각 계급의 도수의 비율로, 도수의 총합이 서로 다른 두 집단의 분포 상태를 쉽게 비교할 수 있습니다.
- 대푯값은 자료 전체의 특징을 하나의 수로 나타낸 것으로, 자료의 특성에 따라 평균, 중앙값, 최빈값을 선택해 사용합니다.
- 산포도는 대푯값을 중심으로 자료들이 흩어져 있는 정도를 하나의 수로 나타낸 값입니다.
- 산점도는 두 변량 사이의 관계를 파악하기 위해 좌표평면 위에 점으로 나타낸 그래프입니다.
- 확률은 일어나는 모든 경우의 수에 대한 사건의 경우의 수의 비율입니다.

자료의
정리와 해석

무슨 의미냐면요

· · ·

정보화 시대를 사는 우리는 수많은 정보를 통해 미래를 예측하고 합리적인 의사결정을 할 수 있습니다. 필요한 자료를 수집하면서 자료의 특성을 분석하고 적절한 방법으로 정리하고 해석하면 더 효과적으로 정보와 자료를 활용할 수 있습니다. 이 단원에서는 수집한 자료를 표나 그래프로 정리하는 방법들을 배우고, 각 방법의 장단점을 이해하고 해석하는 방법을 학습합니다.

초등 과정 자료의 정리에서는 좋아하는 계절이나 음식과 같이 자료의 값이 몇 개의 범주로 나누어지는 자료들을 정리했습니다. 그리고 중등 과정에서는 나이, 키, 몸무게 등과 같이 연속적이거나 다양한 값을 갖는 자료를 정리하는 방법을 학습합니다.

다음은 어느 학급 학생 20명의 수학 점수를 조사해 나타낸 것입니다.

수학 점수									(단위: 점)
73	84	96	69	72	91	88	76	86	63
94	86	66	81	56	88	70	59	84	87

조사한 자료를 정리하지 않고 나열해 놓으면 각 학생의 점수는 알 수 있지만, 그 분포 상태는 파악하기 어렵습니다. 따라서 자료의 분포 상태를 쉽게 알아볼 수 있도록 적절한 방법으로 자료를 정리해 봅시다.

1. 줄기와 잎 그림

수학 점수와 같이 자료를 수량으로 나타낸 것을 변량이라고 합니다. 자료의 변량들을 십의 자리 숫자와 일의 자리 숫자를 구분해 각각 줄기와 잎으로 나타낸 그림을 줄기와 잎 그림이라고 하고, 이를 그리는 방법은 다음과 같습니다.

5|6은 56점

줄기	잎
5	6 9
6	3 6 9
7	0 2 3 6
8	1 4 4 6 6 7 8 8
9	1 4 6

세로선

잎: 일의 자리의 숫자

줄기: 십의 자리 숫자

① 자료를 줄기와 잎(줄기: 변량의 십의 자리 숫자, 잎: 일의 자리 숫자)으로 구분한다.

② 세로선을 긋고, 세로선의 왼쪽에 줄기(십의 자리 숫자)를 작은 수부터 차례대로 세로로 쓴다.

③ 세로선의 오른쪽에 각 줄기에 해당되는 잎(일의 자리 숫자)을 작은 수부터 가로로 쓴다.

④ 그림 위에 줄기 a와 잎 b를 $a \,|\, b$로 나타내고 그 뜻을 설명한다.

※ 이때 중복된 줄기는 한 번만 쓰고, 잎은 중복된 횟수만큼 적는다. 따라서 잎의 총 개수는 전체 변량의 개수와 같다.

수학 점수를 줄기와 잎 그림으로 정리했을 때 수학 점수 중 가장 높은 점수는 96점, 가장 낮은 점수는 56점이고, 점수는 80점대에 가장 많이 분포되어 있다는 것을 한눈에 알아볼 수 있습니다.

줄기와 잎 그림은 일반적으로 십의 자리 이상의 숫자(줄기)에 따른 일의 자리 숫자(잎)를 나열해 정리합니다. 이는 그래프를 따로 그리지 않아도 자료의 분포 상태를 한눈에 알아볼 수 있고, 자료 하나하나의 값을 확인할 수 있는 장점이 있습니다. 하지만 자료의 개수가 많을 때는 일일이 나열하기 어렵고, 줄기와 잎을 구별하기 어려운 자료에는 적합하지 않습니다.

2. 도수분포표

자료의 값에 따라 적당한 간격으로 구간을 나누어, 구간별 변량의 개수를 나타낸 표를 도수분포표라고 합니다. 도수분포표에서 변량을 일정한 간격으로 나눈 구간을 계급이라고 하고, 그 구간의 너비를 계급의 크기, 각 계급에 속하는 자료의 수를 그 계급의 도수라고 합니다. 즉 도수분포표는 자료를 몇 개의 계급으로 나누고 각 계급에 속하는 도수를 정리해 나타낸 표로, 도수분포표를 만드는 순서는 다음과 같습니다.

성적(점)	도수(명)	
50 이상 ~ 60 미만	//	2
60 ~ 70	///	3
70 ~ 80	////	4
80 ~ 90	///// ///	8
90 ~ 100	///	3
합계		20

① 자료에서 가장 작은 변량과 가장 큰 변량을 찾는다.

② 그 두 변량이 포함되는 구간을 일정한 간격으로 나누어 계급을 정한다.

③ 각 계급에 속하는 변량의 개수를 세어 계급의 도수를 구한다.

자료의 수를 셀 때 /, //, ///, ////, ///// 또는 一, 丁, 下, 正, 正을 사용해 5씩 묶어 세면 편리합니다. 또한 도수분포표에서 계급의 개수가 너무 많거나 적으면 자료의 분포 상태를 알아보기 어려우므로 계급의 개수는 자료의 양에 따라 보통 5~15 정도로 하고, 계급의 크기는 모두 같게 합니다.

계급과 계급의 크기는 모두 단위를 포함해 쓰고, 구간을 나눌 때 '이상'과 '미만'을 사용해 자료가 중복되어 두 계급에 속하거나 누락되어 속하는 계급이 없는 경우가 생기지 않아야 합니다.

정리한 도수분포표에서 20개의 변량을 50점부터 100점 미만까지 10점씩 나누었으므로 계급의 크기는 10점이고, 계급의 개수는 5개입니다. 도수는 2명이 가장 적고, 그 계급은 50 이상 60 미만입니다.

3. 히스토그램

히스토그램은 도수분포표로 정리한 자료의 전체적인 분포 상태를 한눈에 알아볼 수 있도록 나타낸 그래프입니다. 히스토그램은 다음 순서로 그릴 수 있습니다.

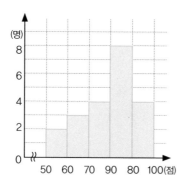

① 가로축에 각 계급의 양 끝 값을 차례로 적는다.

② 세로축에 도수를 차례로 적는다.

③ 각 계급의 크기를 가로로 하고, 도수를 세로로 하는 직사각형을 그린다.

히스토그램에서 직사각형의 개수는 계급의 개수와 같고, 직사각형의 가로의 길이는 계급의 크기와 같습니다. 직사각형의 세로의 길이는 그 계급의 도수이므로 직사각형의 넓이는 계급의 크기와 계급의 도수를 곱해 계산합니다. 이때 계급의 크기는 모두 동일하므로 각 직사각형의 넓이는 각 계급의 도수에 정비례합니다. 또한 히스토그램에 나타낸 모든 직사각형의 넓이의 합은 계급의 크기와 도수의 총합을 곱한 값과 같습니다.

$$(직사각형의 넓이) = (계급의 크기) \times (그 계급의 도수)$$
$$(직사각형의 넓이 합) = \{(계급의 크기) \times (그 계급의 도수)\}의 총합$$
$$= (계급의 크기) \times (도수의 총합)$$

20명의 수학 성적을 정리한 히스토그램에서 직사각형의 개수는 계급의 개수와 같은 5개이고, 계급의 크기는 모두 10점입니다. 60점 이상 70점 미만 계급의 도수는 3이므로 그 계급의 직사각형의 넓이는 $3 \times 10 = 30$입니다. 전체 도수는 20명이므로 모든 직사각형의 넓이의 합은 $20 \times 10 = 200$입니다.

4. 도수분포다각형

도수분포다각형은 히스토그램의 각 직사각형의 윗변의 중앙에 점을 찍고 이 점들을 선분으로 연결해 그린 다각형 모양의 그래프입니다. 히스토그램과 같이 자료의 전체적인 분포 상태를 한눈에 알아볼 수 있습니다. 히스토그램을 이용해 다음 순서에 따라 도수분포다각형을 그릴 수 있습니다.

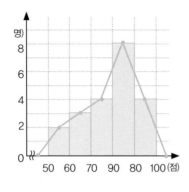

도수분포다각형에서 양 끝에 도수가 0인 계급은 계급의 개수에 포함하지 않습니다.

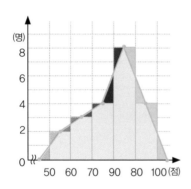

이때 왼쪽 그림과 같이 히스토그램과 도수분포다각형을 겹쳐 그린 그림에서 같은 색의 삼각형의 넓이가 서로 같음을 알 수 있습니다. 따라서 도수분포다각형과 가로축으로 둘러싸인 부분의 넓이는 히스토그램의 직사각형의 넓이의 합과 같아지므로 계급의 크기와 도수의 총합을 곱해 구할 수 있습니다.

(도수분포다각형과 가로축으로 둘러싸인 부분의 넓이)
＝(히스토그램의 직사각형의 넓이의 합)＝(계급의 크기)×(도수의 총합)

따라서 도수분포다각형과 가로축으로 둘러싸인 부분의 넓이는 히스토그램의 직사각형의 넓이의 합과 같은 $20 \times 10 = 200$입니다.

도수분포다각형은 각 선분의 기울어짐 변화를 통해 자료의 전체적인 분포 상태를 연속적으로 알아볼 수 있습니다. 특히 히스토그램은 한 자료의 분포 상태를 나타낼 수 있지만, 도수분포다각형은 2개 이상 자료의 분포 상태를 동시에 나타낼 수 있으므로 2개 이상의 자료를 비교 분석할 때 편리합니다.

5. 상대도수와 그 그래프

다음은 학생 수가 다른 어느 두 학급의 수학 성적을 도수분포표로 나타낸 것입니다.

점수(점)	A반	B반
	학생 수(명)	학생 수(명)
60 이상 ~ 70 미만	2	3
70 ~ 80	2	3
80 ~ 90	10	12
90 ~ 100	6	7
합계	20	25

표에서 90점 이상 100점 미만인 계급의 도수는 A반보다 B반이 높습니다. 그러면 A반보다 B반의 학생들이 더 성적이 우수하다고 할 수 있을까요? A반과 B반의 전체 학생 수가 각각 20명과 25명으로 차이가 있으므로 각 계급의 도수만 가지고 비교하는 것은 의미가 없을 수 있습니다.

각 반의 학생 수에서 90점 이상 100점 미만인 계급의 도수가 차지하는 비율을 계산해 보면 A반은 $\frac{6}{20} = 0.3$이고, B반은 $\frac{7}{25} = 0.28$입니다. 즉 가장 높은 점수 구간의 비율은 B반보다 A반이 더 높다는 것을 알 수 있습니다.

이처럼 도수의 총합이 서로 다른 두 자료를 비교할 때는 각 계급의 도수가 아닌 각 계급의 도수가 전체에 차지하는 비율을 비교하는 것이 더 바람직합니다. 이때 전체 도수에 대한 각 계급의 도수의 비율을 그 계급의 상대도수라고 합니다.

➡ (어떤 계급의 상대도수) $=\dfrac{(\text{그 계급의 도수})}{(\text{도수의 총합})}$

또한 위 식을 변형해 도수의 총합과 상대도수를 알면 그 계급의 도수를 구할 수 있습니다.

➡ (어떤 계급의 도수) $=$ (도수의 총합) $\times$ (그 계급의 상대도수)

도수분포표에서 각 계급의 상대도수를 구해 나타낸 표를 상대도수의 분포표라고 하며, 앞의 자료에 대한 상대도수의 분포표는 다음과 같습니다.

점수(점)	A반		B반	
	학생 수(명)	상대도수	학생 수(명)	상대도수
60 이상 ~ 70 미만	2	0.1	3	0.12
70 ~ 80	2	0.1	3	0.12
80 ~ 90	10	0.5	12	0.48
90 ~ 100	6	0.3	7	0.28
합계	20	1	25	1

상대도수는 도수의 총합에 대한 각 계급의 도수를 의미하므로 0 이상 1 이하인 수를 가지며, 상대도수의 총합은 항상 1입니다.

표에서 A반의 90점 이상 100점 미만인 계급의 도수는 60점 이상 70점 미만인 계급의 도수의 3배이고, 그 상대도수도 3배가 됩니다. 즉 각 계급의 상대도수는 그 계급의 도수에 정비례하므로 이를 이용해 각 계급의 도수나 상대도수를 쉽게 구할 수 있습니다.

이제 A반의 상대도수의 분포표를 가지고 히스토그램과 도수분포다각형으로 나타내 봅시다.

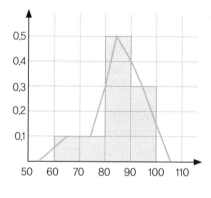

① 가로축에 각 계급의 양 끝 값을 차례로 적는다.

② 세로축에 상대도수를 차례로 적는다.

③ 각 계급의 크기를 가로로 하고, 히스토그램 또는 도수분포다각형과 같은 방법으로 그린다.

이때 상대도수의 총합은 1이므로 상대도수 분포를 나타낸 그래프와 가로축으로 둘러싸인 부분의 넓이는 계급의 크기와 같습니다.

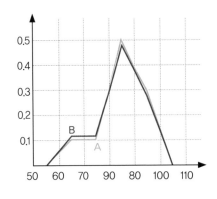

왼쪽 그래프는 A반과 B반의 수학 성적에 대한 상대도수 분포를 도수분포다각형 모양의 그래프로 나타낸 것입니다. 세로축은 상대도수, 가로축은 점수를 의미하고 가로축에서 오른쪽으로 갈수록 점수가 높아집니다.

그래프는 B반보다 A반이 오른쪽으로 더 치우쳐 있으므로 수학 성적이 높은 학생의 비율이 B반보다 A반이 높습니다. 즉 A반의 학생들이 B반보다 상대적으로 수학 성적이 더 높다고 할 수 있습니다.

이와 같이 상대도수도 그래프로 표현하면 분포 상태를 한눈에 알아볼 수 있습니다. 특히 도수의 총합이 다른 두 자료의 상대도수 분포를 도수분포다각형 모양의 그래프로 나타내면 상대도수의 분포 상태를 비교하는 데 편리합니다. 또한 상대도수의 분포표를 그래프로 나타낼 때는 2개 이상의 자료를 비교하는 경우가 많으므로 보통 히스토그램보다 두 그래프를 한번에 나타낼 수 있는 도수분포다각형을 더 많이 이용합니다.

우리가 알아야 할 것 +

- 줄기와 잎 그림은 그래프를 따로 그리지 않아도 분포 상태를 한눈에 알아볼 수 있고, 자료 하나하나의 값을 확인할 수 있습니다. 자료의 개수가 너무 많지 않아 일일이 나열할 수 있고, 줄기와 잎을 구별할 수 있는 자료들에 적합합니다.

- 도수분포표는 각 계급의 도수를 한눈에 알아보기 쉬워 자료가 많거나 분포 범위가 넓을 때 효과적입니다. 하지만 각 자료의 값을 정확하게 알 수 없고, 계급의 개수를 너무 많거나 적게 하면 자료의 특성을 제대로 파악할 수 없습니다.

- 히스토그램은 도수분포표에서 각 계급의 도수를 직사각형의 세로로 표현해, 그 높낮이로 각 계급의 분포 상태를 파악할 수 있습니다.

- 도수분포다각형은 히스토그램에서 각 직사각형의 윗변 중앙에 점을 찍어 이은 다각형 형태의 그래프로 자료의 분포 상태와 변화 폭을 파악할 수 있습니다. 특히 히스토그램과 달리 두 그래프를 겹쳐서 그릴 수 있어 2개 이상의 자료를 한눈에 비교하기 편리합니다.

경우의 수와 확률

무슨 의미냐면요

• • •

월드컵에서 우리나라 팀이 예선을 통과해 본선에 진출하는 경우의 수를 따지거나 분식집에서 만 원으로 살 수 있는 메뉴의 경우를 생각해야 할 때처럼 일상생활에서 어떤 판단을 하기 위해 여러 가지 경우의 수를 구해야 하는 상황이 흔히 발생합니다. 이 단원에서는 어떤 일이 일어나는 경우의 수를 알아보고, 어떤 일이 일어날 가능성을 수치로 나타낸 확률을 계산하는 방법을 학습합니다.

좀 더 설명하면 이렇습니다

...

1. 경우의 수

우리가 일상생활에서 흔히 사건이라고 하면, 사회적으로 문제를 일으키거나 주목을 받을 만한 뜻밖의 일을 의미합니다. 하지만 수학에서의 사건은 아주 다른 의미를 갖습니다.

수학에서의 사건은 주사위를 던지는 것과 같이 동일한 조건에서 여러 번 반복할 수 있는 실험이나 관찰에 의해 나타나는 결과를 의미합니다. 그리고 사건이 일어나는 모든 가짓수를 경우의 수라고 합니다.

예를 들어 주사위는 1부터 6까지 눈이 있으므로 한 개의 주사위를 던질 때 나올 수 있는 모든 경우의 수는 6이고, 그중 소수의 눈은 2, 3, 5이므로 소수의 눈이 나오는 경우의 수는 3입니다.

그러면 2가지 이상의 사건에 대한 경우의 수는 어떻게 구할 수 있을지 예를 들어 살펴봅시다.

(1) 합의 법칙

집에서 학교까지 이용할 수 있는 대중교통으로 버스 3가지 노선과 지하철 2가지 노선이 전부라고 합시다. 이때 2가지 이상의 노선을 동시에 선택할 수 없다면, 집에서 학교까지 대중교통으로 등교하는 방법은 버스 노선 3가지와 지하철 노선 2가지를 더해 총 5가지가 됩니다.

다른 예로 1부터 10까지 자연수가 각각 하나씩 적혀 있는 10장의 숫자 카드에서 한 장을 뽑을 때, 짝수 또는 9의 약수가 나오는 경우를 살펴봅시다. 짝수는 2, 4, 6, 8, 10으로 5가지이고, 9의 약수는 1, 3, 9로 3가지 입니다. 따라서 짝수 또는 9의 약수가 나오는 경우는 1, 2, 3, 4, 6, 8, 9, 10으로 짝수의 5가지와 9의 약수의 3가지를 더해 총 8가지가 됩니다.

예시처럼 동시에 일어나지 않는 두 사건에 대해 다음과 같이 합의 법칙이 성립합니다. 사건 A가 일어나는 경우의 수가 m이고, 사건 B가 일어나는 경우의 수가 n일 때, (사건 A 또는 사건 B가 일어나는 경우의 수)=$m+n$ 입니다.

합의 법칙은 반드시 두 사건 A와 B가 동시에 일어나지 않아야 하며, 이는 사건 A가 일어나면 사건 B는 일어나지 않는다는 것을 의미합니다. 일반적으로 '또는', '~이거나' 등과 같은 표현이 있으면 각 사건이 일어나는 경우의 수를 더해 계산합니다.

(2) 곱의 법칙

집에서 학교까지 이용할 수 있는 버스는 ①, ②, ③이 있고, 지하철은 a와 b 노선이 있습니다. 등교는 버스를 이용하고 하교는 지하철을 이용할 때, 등하교하는 방법을 순서쌍으로 나타내면 (①, a), (①, b), (②, a), (②, b), (③, a), (③, b)입니다. 따라서 등하교하는 방법은 버스 3가지와 지하철 2가지를 곱해 총 6가지가 됩니다.

다른 예로, 한 개의 주사위와 한 개의 동전을 동시에 던질 때 나올 수 있는 경우를 순서쌍으로 나타내 봅시다. 이때 주사위는 1, 2, 3, 4, 5, 6으로 6가지, 동전은 앞면과 뒷면 2가지 경우가 있으므로 (1, 앞), (2, 앞), (3, 앞), (4, 앞), (5, 앞), (6, 앞), (1, 뒤), (2, 뒤), (3, 뒤), (4, 뒤), (5, 뒤), (6, 뒤)입니다. 따라서 각 한 개의 주사위와 동전을 동시에 던져 나올 수 있는 경우는 주사위의 6가지와 동전 2가지를 곱해 총 12가지가 됩니다.

예시처럼 동시에 일어나거나 연달아 일어나는 두 사건에 대해 다음과 같이 곱의 법칙이 성립합니다. 사건 A가 일어나는 경우의 수가 m이고, 사건 B가 일어나는 경우의 수가 n일 때, (두 사건 A와 B가 동시에 일어나는 경우의 수)=$m \times n$입니다.

곱의 법칙은 반드시 두 사건 A와 B가 같은 시간에 일어나는 것만 뜻하는 것이 아니라 두 사건이 연달아 일어나는 등, 사건 A가 일어나는 각각에 대해 사건 B가 일어나는 것을 의미합니다. 일반적으로 '동시에', '그리고', '~와', '~하고 나서' 등과 같은 표현이 있으면 각 사건이 일어나는 경우의 수를 곱해 계산합니다.

(3) 한 줄로 세우기

① 4명의 학생 A, B, C, D가 있을 때, 4명을 한 줄로 세워 봅시다.

한 줄로 나열된 빈자리 (□□□□)에 4명의 학생을 앉힌다고 생각해 봅시다. 먼저 맨 앞자리 (■□□□)에는 A, B, C, D 4명이 모두 앉을 수 있으므로 (A□□□), (B□□□), (C□□□), (D□□□)의 4가지 경우가 있습니다.

맨 앞자리에 4명 중 1명을 선택해 앉히고 다음으로 두 번째 자리에 앉을 수 있는 학생을 생각해 봅니다. 맨 앞자리에 A가 선택되었다면 두 번째 자리 (A ■ □ □)에는 A를 제외한 B, C, D 3명이 앉을 수 있으므로 (AB□ □), (AC□ □), (AD □ □)의 3가지 경우가 있습니다.

마찬가지로 두 번째 자리에 앉는 학생으로 B가 선택되었다면 세 번째 자리 (AB ■ □)에는 A와 B를 제외한 C, D가 앉는 (ABC□), (ABD□)의 2가지 경우가 있습니다. 그리고 세 번째 자리에 C가 선택되면 네 번째는 D, 세 번째 자리에 D가 선택되면 네 번째는 C가 되므로 네 번째는 자연히 1가지 경우가 됩니다.

따라서 네 자리를 선택하는 일은 연달아 일어나므로 곱의 법칙을 이용해, 4명의 학생을 한 줄로 세우는 경우의 수는 $4 \times 3 \times 2 \times 1 = 24$입니다.

② 4명의 학생 A, B, C, D가 있을 때, 2명을 뽑아 한 줄로 세워 봅시다.

한 줄로 나열된 2명의 빈자리 (□ □)가 준비되어 있습니다. 먼저 맨 앞자리 (■ □)에는 A, B, C, D 4명이 모두 앉을 수 있으므로 (A□), (B□), (C □), (D□)의 4가지 경우가 있습니다.

맨 앞자리에 4명 중 1명을 선택해 앉히고 두 번째 자리에 앉을 수 있는 학생을 생각해 보면, 앞서 뽑힌 1명을 제외한 나머지 3명이 앉을 수 있습니다. 예를 들어 맨 앞자리에 A가 선택되었다면 두 번째 자리 (A ■)에는 A를 제외한 B, C, D 3명이 앉을 수 있으므로 (AB), (AC), (AD)의 3가지 경우입니다.

따라서 두 자리를 선택하는 일은 연달아 일어나므로 곱의 법칙을 이용해, 4명 중 2명을 뽑아 한 줄로 세우는 경우의 수는 $4 \times 3 = 12$입니다.

이 예시를 일반화시키면, n명을 한 줄로 세울 때 처음 n명 중 1명을 뽑는 경우의 수는 n입니다. 그리고 그 사람을 제외한 $(n-1)$명 중 1명 뽑고, 같은 방법으로 반복해 마지막 1명이 남을 때까지 각 자리의 사람을 1명씩 뽑고, 각 경우의 수를 곱의 법칙으로 계산합니다.

① n명을 한 줄로 세우는 경우의 수는 $n \times (n-1) \times (n-2) \times \cdots \times 2 \times 1$

② n명 중 2명을 뽑아 한 줄로 세우는 경우의 수는 $n \times (n-1)$

2. 확률

동전 한 개를 던질 때 앞면이 나올 가능성은 $\frac{1}{2}$입니다. 이처럼 어떤 사건이 일어날 가능성을 수로 나타낸 것을 확률이라고 합니다.

확률을 통계적으로 생각해 보면, 동전 한 개를 10번 던졌을 때 앞면이 나오는 횟수는 실제로 5번이 아닐 수 있습니다. 하지만 동전을 1만 번 던지면 앞면이 나오는 횟수는 5천 번에 가까운 수가 나오게 됩니다. 즉 동전을 던지는 횟수가 많아질수록 앞면이 나오는 횟수의 상대도수는 $\frac{1}{2}$에 가까워집니다.

이처럼 동일한 조건에서 실험이나 관찰을 여러 번 반복할 때, 어떤 사건이 일어나는 상대도수가 가까워지는 일정한 값을 확률이라고 합니다. 하지만 확률은 실제로 여러 번의 실험이나 관찰을 하지 않고도 경우의 수의 비율을 이용해 구할 수 있습니다.

예를 들어 한 개의 주사위를 던질 때, 소수의 눈이 나올 확률을 경우의 수를 이용해 구해 봅시다. 한 개의 주사위를 던지면 1, 2, 3, 4, 5, 6이 나올 수 있으므로 일어날 수 있는 모든 경우의 수는 6입니다. 여기에서 소수의 눈은 2, 3, 5이므로 소수의 눈이 나오는 경우의 수는 3입니다. 따라서 한 개의 주사위를 던질 때, 소수의 눈이 나올 확률은 $\frac{3}{6}=\frac{1}{2}$입니다.

(1) 확률의 기본 성질

일반적으로 각 경우가 일어날 가능성이 모두 같은 실험이나 관찰에서, 일어날 수 있는 모든 경우의 수가 n이고 사건 A가 일어나는 경우의 수가 a이면 사건 A가 일어날 확률 $p=\dfrac{(\text{사건 } A\text{가 일어나는 경우의 수})}{(\text{모든 경우의 수})}=\dfrac{a}{n}$입니다.

이때 어떤 사건 A가 일어나는 경우의 수 a는 항상 0 또는 양의 정수이고, 일어나는 모든 경우의 수 n보다 작거나 같습니다. 따라서 $0 \le a \le n$에서 $\dfrac{0}{n} \le \dfrac{a}{n} \le \dfrac{n}{n}$이므로 $0 \le p \le 1$. 즉 어떤 사건이 일어날 확률 p는 0 이상 1 이하입니다.

한 개의 주사위를 던질 때, 7 이상의 눈이 나오는 것처럼 절대 일어나지 않는 사건의 확률은 0이고, 6 이하의 눈이 나오는 것처럼 반드시 일어나는 사건의 확률은 1입니다.

(2) 어떤 사건이 일어나지 않을 확률

서로 다른 두 개의 주사위를 동시에 던질 때 나올 수 있는 모든 경우의 수는 6×6=36이고, 두 눈의 수가 서로 같은 경우는 (1, 1), (2, 2), (3, 3), (4, 4), (5, 5), (6, 6)으로 6가지이므로 그 확률은 $\frac{6}{36}=\frac{1}{6}$입니다. 이때 두 눈의 수가 서로 다른 경우의 수는 36-6=30이므로 그 확률은 $\frac{36-6}{36}$ $=1-\frac{1}{6}=\frac{5}{6}$입니다. 즉 (서로 다른 눈이 나올 확률)=1-(서로 같은 눈이 나올 확률)입니다.

이처럼 사건 A가 일어날 확률을 p, 일어나지 않을 확률을 q라고 하면, 어떤 사건이 일어날 확률과 일어나지 않을 확률의 합은 1이므로 $p+q=1$이고, $q=1-p$입니다. 따라서 (사건 A가 일어나지 않을 확률)=1-p입니다.

일반적으로 문제에 '~가 아닐 확률', '~을 못할 확률', '적어도 ~일 확률' 등과 같은 표현이 있으면 어떤 사건이 일어나지 않을 확률을 이용합니다.

(3) 사건 A 또는 사건 B가 일어날 확률

1부터 10까지 자연수가 각각 하나씩 적혀 있는 10장의 숫자 카드에서 1장을 뽑을 때, 3의 배수 또는 4의 배수의 눈이 나올 확률을 살펴봅시다.

서로 다른 10장의 숫자 카드에서 1장을 뽑는 모든 경우의 수는 10입니다. 그중 3의 배수는 3, 6, 9의 3가지, 4의 배수는 4, 8의 2가지이고, 뽑은 카드의 수가 3의 배수이면서 동시에 4의 배수일 수는 없으므로 3 또는 4의 배수가 나올 경우의 수는 3+2=5입니다. 따라서 3의 배수 또는 4의 배수가 나올 확률은 $\frac{5}{10}$입니다.

이때 3의 배수와 4의 배수가 나올 확률은 각각 $\frac{3}{10}$과 $\frac{2}{10}$입니다.

$\dfrac{5}{10} = \dfrac{3}{10} + \dfrac{2}{10}$ 이므로 (3 또는 4의 배수가 나올 확률)=(3의 배수가 나올 확률)+(4의 배수가 나올 확률)임을 알 수 있습니다.

이처럼 동시에 일어나지 않는 두 사건에 대해 사건 A가 일어날 확률을 p, 사건 B가 일어날 확률을 q라고 하면, (사건 A 또는 사건 B가 일어날 확률)= $p+q$ 입니다.

여기에서 두 사건 A와 B가 동시에 일어나지 않는다는 것은 사건 A가 일어나면 사건 B는 일어날 수 없고, 사건 B가 일어나면 사건 A는 일어날 수 없다는 것을 의미합니다. 일반적으로 '또는', '~이거나' 등과 같은 표현이 있으면 각 사건의 확률을 더해 계산합니다.

(4) 사건 A와 B가 동시에(연달아) 일어날 확률

서로 다른 두 개의 주사위 A, B를 동시에 던질 때, 주사위 A는 소수의 눈이 나오고 주사위 B는 3의 배수의 눈이 나올 확률을 구해 봅시다.

서로 다른 두 개의 주사위 A, B를 동시에 던질 때 모든 경우의 수는 6×6=36입니다. 주사위 A에서 소수의 눈이 나오는 경우는 2, 3, 5의 3가지, 주사위 B에서 3의 배수의 눈이 나오는 경우는 3, 6의 2가지이고, 두 사건은 동시에 일어나므로 주사위 A에서 소수의 눈이 나오고 주사위 B에서 3의 배수가 나오는 경우의 수는 3×2=6입니다. 따라서 주사위 A는 소수의 눈이 나오고 주사위 B는 3의 배수의 눈이 나올 확률은 $\dfrac{6}{36}$ 입니다.

이때 주사위 A에서 소수의 눈이 나올 확률과 주사위 B에서 3의 배수의 눈이 나올 확률은 각각 $\dfrac{3}{6}$, $\dfrac{2}{6}$ 이고, $\dfrac{6}{36} = \dfrac{3}{6} \times \dfrac{2}{6}$ 이므로 (주사위 A는 소

수의 눈이 나오고 주사위 B는 3의 배수의 눈이 나올 확률)=(주사위 A에서 소수의 눈이 나올 확률)×(주사위 B에서 3의 배수의 눈이 나올 확률)임을 알 수 있습니다.

이처럼 일반적으로 서로 영향을 끼치지 않는 두 사건에 대해 사건 A가 일어날 확률을 p, 사건 B가 일어날 확률을 q라고 하면, (두 사건 A와 사건 B가 동시에 일어날 확률)=$p \times q$ 입니다.

여기에서 두 사건 A와 B가 서로 영향을 끼치지 않는다는 것은 사건 A가 일어나든지 일어나지 않든지, 각각에 대해 사건 B가 일어날 확률은 같음을 의미합니다. 일반적으로 서로 영향을 끼치지 않는 두 사건에 대해 '동시에', '그리고', '~와', '~하고 나서' 등과 같은 표현이 있으면 두 사건의 확률을 곱해 계산합니다.

우리가 알아야 할 것 +

- 경우의 수는 사건이 일어나는 모든 가짓수입니다.
- 확률은 동일한 조건에서 실험이나 관찰을 여러 번 반복할 때, 어떤 사건이 일어나는 상대도수가 가까워지는 일정한 값입니다.
- 일어날 수 있는 모든 경우의 수가 n이고 사건 A가 일어나는 경우의 수가 a 이면 사건 A가 일어날 확률 $p = \dfrac{(\text{사건 A가 일어나는 경우의 수})}{(\text{모든 경우의 수})} = \dfrac{a}{n}$ 입니다.
- 절대 일어나지 않는 사건의 확률은 0, 반드시 일어나는 사건의 확률은 1입니다.

대푯값과 산포도, 산점도

무슨 의미냐면요

· · ·

학교에서 시험을 보면 흔히 자신의 전 과목 점수를 더해 과목 수로 나
눈 값으로 평균을 구합니다. 이러한 평균으로 친구들과 비교해 보기도 하
고, 자신의 평균 이상의 점수를 받은 과목과 그렇지 못한 과목을 구분해
보기도 합니다. 평균은 전 과목에 대한 자신의 성적을 하나의 수로 나타낸
대푯값이 됩니다. 자신의 과목별 시험 점수들이 각각 평균과 얼마나 차이
가 나는지, 평균으로부터 흩어져 있는 정도를 하나의 수로 나타낸 것을 산
포도라고 합니다. 또한 전교생의 수학 점수와 과학 점수 사이의 관계를 파
악하기 위해서 수학 점수와 과학 점수의 순서쌍을 좌표평면 위에 점으로
나타낸 그래프는 수학과 과학의 점수에 대한 산점도입니다.

1. 대푯값

자료 전체의 특징을 하나의 수로 나타낸 값을 대푯값이라고 하며, 대푯값으로는 평균, 중앙값, 최빈값 등이 있습니다. 일반적으로 가장 많이 사용하는 대푯값은 평균이고, 전체 변량의 총합을 변량의 개수로 나누어 구합니다.

(1) 중앙값

중앙값은 자료를 작은 값부터 크기순으로 나열했을 때, 가운데 위치한 값입니다. 자료에 매우 크거나 작은 값, 극단적인 값이 있는 경우에는 평균보다 중앙값이 자료의 중심 경향을 더 잘 나타낼 수 있습니다.

예를 들어 버스를 타고 등교하는 A학생의 등교 시간을 조사해 봤더니 월요일부터 목요일까지는 16, 14, 13, 17분이 걸렸고, 금요일에는 폭설로 버스가 다니지 않아 걸어서 60분이 걸렸다고 합니다. A학생의 등교 시간에 대한 평균을 구하면 24분입니다. 이때 자료를 크기순으로 나열하면 13, 14, 16, 17, 60이고, 이 중 가운데 위치한 16이 중앙값입니다.

버스를 타고 등교하는 A 학생의 등교 시간 특징을 대표하기에 더 적절한 수는 16입니다. 금요일 등교 시간 60분은 일반적으로 일어나는 범위에서 벗어난 극단적인 값이므로 이 값을 포함시켜 구한 평균 24는 대푯값으로 적절하지 않습니다. 이처럼 극단적인 값이 포함되어 있는 자료에서는 이 값을 제해 평균을 구하거나 자료의 가운데 값인 중앙값을 대푯값으로 사용합니다.

중앙값은 자료를 작은 값부터 크기순으로 나열했을 때, 자료의 개수가 홀수이면 가운데 위치한 값입니다. 그리고 자료의 변량이 13, 14, 16, 17로, 자료의 개수가 짝수이면 가운데 위치한 두 값, 14와 16의 평균인 15가 중앙값이 됩니다.

즉 크기순으로 나열한 n개의 자료에서 n이 홀수이면 $\frac{n+1}{2}$번째의 변량이 중앙값이고, n이 짝수이면 $\frac{n}{2}$번째와 $(\frac{n}{2}+1)$번째 변량의 평균이 중앙값입니다.

(2) 최빈값

최빈값은 자료의 변량 중에서 가장 많이 나타나는 값으로, 자료의 변량의 개수가 많고 자료에 같은 값이 많은 경우에 사용됩니다.

다음은 A학급 20명 학생의 운동화 치수(mm)를 조사한 것입니다.

운동화 치수									(단위: mm)
245	260	270	235	260	245	250	240	255	245
260	240	250	245	265	235	255	260	265	240

이 중 245와 260이 각각 4번으로 가장 많이 나타나고 있으므로 A학급 학생들의 운동화 치수의 최빈값은 245mm와 260mm입니다.

이처럼 최빈값은 자료에 비슷한 값이 많은 옷의 치수나 신발의 치수와 같은 경우뿐만 아니라 좋아하는 과일과 같이 수량으로 나타내어지지 않는 자료에도 사용합니다. 또한 자료에 따라서는 최빈값이 1개 또는 2개 이상일 수 있습니다.

2. 산포도

대푯값을 중심으로 자료들이 흩어져 있는 정도를 하나의 수로 나타낸 값을 산포도라고 하고, 산포도는 대푯값에 따라 여러 가지가 있습니다. 하지만 교육과정에서는 평균을 대푯값으로 할 때, 평균을 중심으로 자료들이 흩어져 있는 정도를 나타내는 분산과 표준편차를 산포도로 사용합니다.

다음은 A모둠과 B모둠의 하루 수면 시간을 조사해 나타낸 것입니다.

하루 수면 시간
(단위: 시간)

구분	1번	2번	3번	4번	5번	6번	7번	8번	9번	10번	합계
A모둠	6	6	8	7	7	8	8	7	6	7	70
B모둠	5	8	9	5	7	8	5	8	6	9	70

A모둠과 B모둠 모두 평균을 구하면, (평균)=(변량의 총합)÷(변량의 개수)=70÷10=7시간으로 서로 같습니다. 하지만 평균만으로는 두 모둠의 분포 상태를 충분히 비교할 수 없으므로 평균 주위로 자료들이 얼마나 흩어져 있는지를 나타내는 산포도를 구해 비교합니다.

(1) 편차

두 모둠의 변량이 각각 평균으로부터 얼마나 떨어져 있는지, 흩어져 있는 정도를 파악하기 위해서는 각 변량과 평균의 차를 구해야 합니다. 각 변량에서 평균을 뺀 값을 편차라고 하고, 편차를 구할 때는 반드시 변량에서 평균을 빼야 합니다. 즉 (편차)=(변량)−(평균)입니다. 이때 평균에서 변량을 빼지 않도록 주의합니다.

다음은 A모둠과 B모둠의 각 수면 시간의 편차를 구해 표로 나타낸 것입니다.

하루 수면 시간의 편차

(단위: 시간)

구분	1번	2번	3번	4번	5번	6번	7번	8번	9번	10번	합계
A모둠	−1	−1	1	0	0	1	1	0	−1	0	0
B모둠	−2	1	2	−2	0	1	−2	1	−1	2	0

표에서 각 변량은 ① 편차의 절댓값이 클수록 평균과 멀리 떨어져 있고, 편차의 절댓값이 작을수록 평균과 가까이 있습니다. 그리고 ② 편차가 양수이면 변량은 평균보다 크고, 음수이면 변량은 평균보다 작습니다. 하지만 ③ 편차의 합은 항상 0이므로 편차의 합은 산포도로 이용할 수 없습니다.

(2) 분산과 표준편차

편차의 합으로는 산포도로서 의미가 없으므로 편차를 제곱해 합을 구하고 전체 변량의 개수로 나눈 값을 산포도로 이용하는데, 이를 분산이라고 합니다. 즉 분산은 편차의 제곱의 평균이고, 단위는 사용하지 않습니다. 또한 표준편차는 분산의 양의 제곱근 값으로, 변량과 같은 단위를 사용하는 산포도입니다.

$$(분산) = \{(편차)^2의 \ 총합\} \div (변량의 \ 개수)$$
$$(표준편차) = \sqrt{(분산)}$$

A모둠과 B모둠의 분산과 표준편차를 각각 구하면 다음과 같습니다.

$$(A모둠 \ 분산) = \frac{(-1)^2 + (-1)^2 + 1^2 + 0^2 + 0^2 + 1^2 + 1^2 + 0^2 + (-1)^2 + 0^2}{10}$$
$$= \frac{6}{10} = \frac{3}{5}$$
$$(A모둠 \ 표준편차) = \sqrt{\frac{3}{5}} = \frac{\sqrt{15}}{5} = 0.774\cdots(시간)$$

$$(B모둠 \ 분산) = \frac{(-2)^2 + 1^2 + 2^2 + (-2)^2 + 0^2 + 1^2 + (-2)^2 + 1^2 + (-1)^2 + 2^2}{10}$$
$$= \frac{24}{10} = \frac{12}{5}$$
$$(B모둠 \ 표준편차) = \sqrt{\frac{12}{5}} = \frac{2\sqrt{15}}{5} = 1.549\cdots(시간)$$

변량에서 평균을 뺀 편차의 단위는 자료의 변량과 같은 단위를 사용합니다. 그리고 분산은 편차를 제곱해 평균 낸 값으로 변량 단위의 제곱처럼 보이지만, 단위를 사용하지 않습니다. 분산의 양의 제곱근인 표준편차는 변량과 같은 단위를 사용합니다. 이처럼 산포도에서 변량과 같은 단위를 사용하기 위해 분산에서 표준편차의 개념을 사용하게 되었습니다.

일반적으로 분산과 표준편차가 작을수록 자료들이 평균에 가까이 모여 있고, 이를 "자료가 더 고르게 분포되어 있다."라고 표현합니다.

3. 산점도와 상관관계

산점도는 두 변량 사이에 관계가 있는지 파악하기 위해 좌표평면 위에 점으로 나타낸 그래프입니다. 상관관계는 두 변량 중 한 변량이 증가할 때 다른 한 변량도 증가하거나 감소하는 경향을 나타내는 관계를 의미하고, 이는 산점도를 보고 알 수 있습니다.

(1) 산점도

다음은 반 학생 10명의 수학 점수와 과학 점수를 나타낸 표입니다.

(단위: 점)

학생	1번	2번	3번	4번	5번	6번	7번	8번	9번	10번
수학	60	60	70	60	70	80	80	80	90	100
과학	60	70	60	90	80	80	70	100	90	90

학생들의 수학 점수와 과학 점수 사이에 관계가 있는지 알아보기 위해서 1번은 $(60, 60)$, 2번은 $(60, 70)$, 3번은 $(70, 60)$과 같이 10명의 점수를 순서쌍으로 나타낼 수 있습니다. 즉 수학을 x점, 과학을 y점이라고 하고 두 점수를 순서쌍으로 하는 점 (x, y)를 좌표평면 위에 나타내면, 그림1 과

그림 1

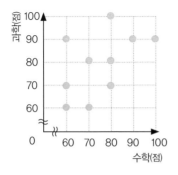

같이 학생 수와 같은 10개의 점이 그려집니다. 이렇게 나타낸 그림을 수학 점수와 과학 점수에 대한 산점도라고 합니다.

산점도에서 수학 점수와 과학 점수를 비교하기 위해 두 점수가 같은 점을 이어 직선을 긋습니다. 그림 2 와 같이 검은색 선 위에 있는 3명의 학생은 수학과 과학 점수가 같습니다. 검은색 선을 중심으로 위쪽에 있는 회색 삼각형 안의 4명은 과학 점수가 수학 점수보다 높고, 검은색 선의 아래쪽에 있는 주황색 삼각형 안의 3명은 수학 점수가 과학 점수보다 높습니다.

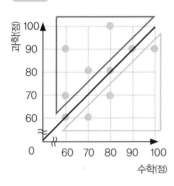

(2) 상관관계

두 변량 x와 y에 대해 x의 값이 변함에 따라 y의 값이 변하는 경향이 있을 때, 이 두 변량 x와 y 사이에 상관관계가 있다고 합니다.

x의 값이 증가함에 따라 y의 값도 대체로 증가하는 경향이 있는 경우에 x와 y 사이에는 양의 상관관계가 있고, 반대로 x의 값이 증가함에 따라 y의 값이 대체로 감소하는 경향이 있는 경우에는 x와 y 사이에는 음의

상관관계가 있다고 합니다. 이처럼 양 또는 음의 상관관계를 모두 통틀어 상관관계가 있다고 합니다.

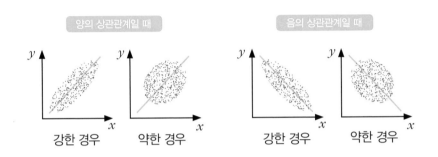

두 변량의 상관관계가 강할수록 산점도에서 점들이 한 직선 주위에 가까이 모이는 형태를 띠게 됩니다. 따라서 상관관계가 있는 산점도에서 점들이 한 직선에 가까이 모여 있을수록 상관관계가 강하고, 흩어져 있을수록 상관관계는 약하다고 표현합니다.

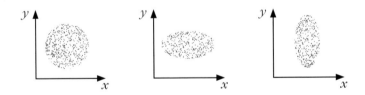

또한 산점도가 사방으로 흩어져 있거나 수평 또는 수직으로 분포되어 있는 경우, 즉 두 변량 x와 y에 대해 x의 값이 증가함에 따라 y의 값이 증가 또는 감소하는 경향이 분명하지 않으면 x와 y 사이에는 상관관계가 없다고 합니다.

- 대푯값은 자료 전체의 특징을 하나의 수로 나타낸 값으로, 평균을 가장 많이 사용합니다.
- 자료에 매우 크거나 작은 극단적인 값이 있다면 중앙값을, 변량의 개수가 많고 같은 값이 많다면 최빈값을 사용합니다.
- 산포도는 대푯값을 중심으로 자료들이 흩어져 있는 정도를 하나의 수로 나타낸 값입니다.
- 평균을 대푯값으로 할 때 산포도는 분산(편차의 제곱의 평균)과 표준편차(분산의 양의 제곱근 값)를 사용합니다.
- 산점도는 두 변량 x와 y의 순서쌍 (x, y)를 좌표평면 위에 점으로 나타낸 그래프입니다.
- 두 변량 x와 y에 대해 x의 값이 변함에 따라 y의 값이 변하는 경향이 있을 때, 이 두 변량 x와 y 사이에 상관관계가 있다고 합니다.

고등 수학 1등급을 위한
중학 수학 만점 공부법

초판 1쇄 발행 2024년 2월 28일

지은이 이지선
펴낸곳 믹스커피
펴낸이 오운영
경영총괄 박종명
편집 최윤정 김형욱 이광민 김슬기
디자인 윤지예 이영재
마케팅 문준영 이지은 박미애
디지털콘텐츠 안태정
등록번호 제2018-000146호(2018년 1월 23일)
주소 04091 서울시 마포구 토정로 222 한국출판콘텐츠센터 319호 (신수동)
전화 (02)719-7735 | **팩스** (02)719-7736
이메일 onobooks2018@naver.com | **블로그** blog.naver.com/onobooks2018
값 18,500원
ISBN 979-11-7043-478-8 53410